JN098924

税理士のための

この1冊で相談に対応！

農業ビジネス

実務ハンドブック

法律知識・税務の基本から類型別の解説まで

弁護士 税理士 公認会計士

本木賢太郎

［著］

第一法規

はしがき

　本書に興味をもっていただきありがとうございます。

　税理士向けの農業分野の書籍といえば相続税納税猶予制度に関するものが最重要です。詳細な信用できる書籍も、わかりやすく説明された入門的な書籍も多くあります。ただ、税理士業務の本流であるクライアントの事業に関する専門書籍というと農業分野では類書が少ないように思われます。特に、農業分野の税制が適用される制度がどのような法律のもとでどのように運用されているのかというのは想定読者を税理士に絞った書籍では調べることは難しいというのが実感です。

　本書は、農業ビジネスに関与する税理士や農業経営アドバイザーといった専門職を想定読者に、農業分野の法規制や税制を概観するためのハンドブックとして類書のない本をつくるというコンセプトで執筆しました。

　特定分野についてもっと細かい情報がほしいという箇所やわかりにくいから他の書籍等を調べないといけないと感じる部分もあるかもしれません。しかしながら、既存の書籍でなかなか記載されないような情報について記載した部分もあります。特定分野について詳細な情報や精緻な理解が必要な場合には、本書で農業ビジネス領域の法規制や税制の全体像のイメージをつかんでいただくことで他の情報へのアクセスも容易になるとともに理解に資するのではないかと期待しています。

　税理士や農業経営アドバイザーといった専門職は、現在関与しているクライアントだけでなくまだ出会っていないクライアントから農業につ

いて相談を受けることがあるかもしれません。また、既存クライアントであっても新たに農業ビジネスに参入するので相談したいといったこともあり得ます。

　一読して価値を感じなかった情報が将来価値ある情報になることもあるかもしれません。そのようなことを念頭に執筆した1冊です。改訂版をだせるくらい多くの専門職に届きますように。

　　　　　　　　令和6年2月　弁護士・税理士・公認会計士
　　　　　　　　　　　　　　　　　　本木賢太郎

凡例

　本書では本文中では原則として正式名称を用い、括弧内において、以下の略称を用いています。

所法‥‥所得税法

所令‥‥所得税法施行令

所基通‥‥所得税基本通達

消法‥‥消費税法

消令‥‥消費税法施行令

消基通‥‥消費税法基本通達

相法‥‥相続税法

相基通‥‥相続税法基本通達

評基通‥‥財産評価基本通達

法法‥‥法人税法

措法‥‥租税特別措置法

地法‥‥地方税法

地令‥‥地方税法施行令

地規‥‥地方税法施行規則

農地規‥‥農地法施行規則

基盤強化法‥‥農業経営基盤強化促進法

基盤強化規‥‥農業経営基盤強化促進法施行規則

農業委員会法‥‥農業委員会等に関する法律

農振法‥‥農業振興地域の整備に関する法律

都市農業基本法‥‥都市農業振興基本法

都市農地貸借法‥‥都市農地の貸借の円滑化に関する法律

特定農地貸付法‥‥特定農地貸付けに関する農地法等の特例に関する法律

都計法‥‥都市計画法

障害者雇用促進法‥‥障害者の雇用の促進等に関する法律

◇括弧内の表記例◇

　租税特別措置法第 70 条の 4 第 2 項第 1 号＝措法 70 条の 4 第 2 項 1 号

目次

はしがき

凡例

第1章　農業ビジネスの基本と周辺状況

1　農業経営体の推移 ……………………………………………………… 2

2　法人経営体の内訳 ……………………………………………………… 6

3　農業法人の経営実態 …………………………………………………… 6

4　農業種別の主な販売先 ………………………………………………… 8

5　農業以外の事業者の農業参入が容易化した法改正 ………………… 9

コラム　歩（ぶ）・畝（せ）・反（たん）・町（ちょう） ………… 10

第2章　農業ビジネスに関与する税理士等が知っておきたい農業関係法令の基礎知識

1　農業関係法令の難解さ ………………………………………………… 12

2　農地法 …………………………………………………………………… 12

3　農業委員会等に関する法律 …………………………………………… 24

4　都市計画法 ……………………………………………………………… 26

5　農業振興地域の整備に関する法律 …………………………………… 28

6　生産緑地法 ……………………………………………………………… 29

7　農業経営基盤強化促進法 ……………………………………………… 34

8　都市農業振興基本法 …………………………………………………… 37

9　都市農地の貸借の円滑化に関する法律 ……………………………… 39

10　特定農地貸付けに関する農地法等の特例に関する法律 ………… 42

11　市民農園整備促進法 …………………………………………………… 45

この１冊で相談に対応！

税理士
のための

農業ビジネス 実務ハンドブック

コラム　許可制と届出制の違い ···································· 48

第3章　農業に関する会計

1　農業簿記と一般簿記との違い ·································· 50

2　消費税軽減税率に関連した区分経理 ···························· 50

3　棚卸資産の取扱い ·· 51

4　ビニールハウスの取扱い ·· 52

5　トラクター・耕運機の取扱い ···································· 53

6　生物及び生物の育成 ·· 54

7　共同的施設の設置・改良のために支出する費用 ············ 54

8　農協を通じて出荷する委託販売 ································ 55

9　収入保険 ·· 55

コラム　農地転用と土地家屋調査士 ···························· 57

第4章　農業ビジネスにおける税務

1　所得税 ·· 60

2　譲渡所得税 ·· 66

3　消費税 ·· 70

4　固定資産税 ·· 74

5　償却資産税 ·· 76

6　事業税 ·· 78

7　事業所税 ·· 78

コラム　農福連携 ·· 80

第5章 農家の相続にまつわる税務

1 農家は税理士よりも相続税に詳しい？ ……………………… 82

2 税務調査の状況 ……………………………………………… 82

3 税理士職業賠償責任保険事故事例 ………………………… 84

4 農地を相続した場合の農業委員会への届出 …………………… 84

5 建更（建物更生共済）に留意 ……………………………… 85

6 財産的価値がないのに耕作権に課税されるリスク ………… 86

第6章 農地相続税納税猶予制度

1 概要 …………………………………………………………… 88

2 農地相続税納税猶予制度の適用要件 ……………………… 89

3 相続税納税猶予に関する適格者証明書 …………………… 91

4 担保権設定に関する手続 …………………………………… 91

5 納税猶予期限の確定 ………………………………………… 92

6 営農困難時貸付けの特例と届出 …………………………… 93

7 特定貸付けの特例と届出 …………………………………… 95

8 認定都市農地の貸付けの特例の届出手続 ………………… 98

9 納税猶予税額の免除 ………………………………………… 99

10 平成3年1月1日における三大都市圏の特定市 ………… 100

11 納税猶予期間中の継続届出 ………………………………… 103

コラム 相続土地国庫帰属制度 …………………………… 104

第**7**章　**財産評価基本通達に基づく農地等の評価**

　1　農地の分類 ……………………………………………………………… 106

　2　農地分類ごとの評価方法 ……………………………………………… 107

　3　生産緑地の評価……………………………………………………………… 108

　4　農業用施設用地の評価 ………………………………………………… 109

　5　地積規模の大きな宅地の評価 ………………………………………… 110

　6　地上権・永小作権の評価 ……………………………………………… 112

　7　耕作権の評価 …………………………………………………………… 113

　8　貸付けられている農地の評価 ………………………………………… 114

　9　ヤミ耕作をさせている農地の評価 …………………………………… 114

　10　１０年以上の期間の定めのある賃貸借により
　　　貸付けられている農地の評価 ………………………………………… 115

　11　都市農地貸借円滑化法に基づく認定事業計画に従って
　　　賃借権が設定されている農地の評価 ………………………………… 115

　12　農業経営基盤強化促進法に基づく農用地利用集積計画の
　　　公告により賃借権が設定されている農地の評価 ………………… 116

　13　農地中間管理機構に賃貸借により貸付けられている
　　　農地の評価…………………………………………………………………… 116

　14　果樹等の評価 …………………………………………………………… 117

　コラム　農地の地価…………………………………………………………… 119

第**8**章　**農地等の贈与にまつわる税務**

　1　農地等の贈与による財産取得の時期 ………………………………… 122

　2　農地を著しく低い価額で譲渡した場合のみなし贈与 ………… 123

3　農地の共有持分を放棄した場合 ………………………… 124

コラム　所有者不明農地の活用 ……………………………… 126

第9章　**農地贈与税納税猶予制度**

1　概要 …………………………………………………………… 128

2　農地贈与税納税猶予制度の適用要件 ………………… 128

3　贈与税納税猶予に関する適格者証明書 ……………… 130

4　担保権設定に関する手続 ………………………………… 130

5　納税猶予期限の確定 ……………………………………… 131

6　営農困難時貸付けの特例と届出 ……………………… 131

7　特定貸付けの特例と届出 ………………………………… 132

8　納税猶予税額の免除 ……………………………………… 133

9　納税猶予期間中の継続届出 ……………………………… 133

第10章　**集落営農組織の税務**

1　集落営農組織の税務の概要 ……………………………… 136

2　人格のない社団等とは …………………………………… 137

3　構成員課税と法人課税の分水嶺 ……………………… 137

4　特定農業団体 ………………………………………………… 138

5　農事組合法人 ………………………………………………… 139

6　任意組合の組合事業から生じた損益 ………………… 141

コラム　GAP認証 …………………………………………………… 142

第11章 農地所有適格法人（農業生産法人）の会計と税務

1　農地所有適格法人とは ………………………………………… 144

2　農地所有適格法人となるための要件 ………………………… 145

3　農地所有適格法人の子会社化に関する特例要件 …………… 146

4　農地法上の年次報告 …………………………………………… 147

5　農地所有適格法人要件を欠くことになった場合 …………… 148

6　会計と税務におけるポイント ………………………………… 149

7　農業経営基盤強化準備金 ……………………………………… 149

8　農業経営基盤強化準備金取崩額の圧縮記帳 ………………… 150

第12章 農業支援補助金の処理

1　国庫補助金等の処理 …………………………………………… 154

2　ハード事業に係る補助金 ……………………………………… 154

3　ソフト事業に係る補助金 ……………………………………… 155

4　留意点 …………………………………………………………… 155

5　補助金交付事業年度に資産取得が完了しない場合 ………… 156

コラム　フードテック推進と昆虫食 …………………………… 158

第13章 農業ビジネスの事業構造

1　モデル計算式 …………………………………………………… 160

2　六次産業化 ……………………………………………………… 163

3　農業融資 ………………………………………………………… 165

4　農業従事者の確保 ……………………………………………… 169

コラム　農業では労働時間・休憩・休日に関し
労働基準法の適用がない ……………………………… 174

第14章　農業ビジネス類型別のポイント

1　農家レストラン………………………………………… 178

2　自社農場（飲食業等他業種からの農業参入）………… 181

3　移動販売・ケータリング……………………………… 183

4　観光農園………………………………………………… 185

5　農家民宿・農泊………………………………………… 187

6　市民農園（貸農園）農地所有者……………………… 189

7　市民農園（貸農園）運営事業者……………………… 192

8　営農型太陽光発電……………………………………… 195

9　耕作放棄地の再生……………………………………… 197

10　農作物栽培高度化施設による農業…………………… 200

11　ワイナリー……………………………………………… 202

12　農産物輸出……………………………………………… 204

13　ＣＳＡ（農業×地域）………………………………… 206

14　特例子会社を活用した農福連携……………………… 208

第 1 章

農業ビジネスの基本と
周辺状況

1　農業経営体の推移

　農林水産省により 5 年ごとに実施されている統計調査である「農林業センサス」によると平成 17 年から令和 2 年までの 15 年間で農業経営体全体としては 46.5％減少しています。農業経営体の半数近くが減少していることになりますが内訳をみると個人経営は減少しているものの団体経営なかでも法人経営は 15 年の間に 60.5％増加しています。

農業経営体数推移

	農　業　経　営　体			
	計	個人経営	団体経営	法人経営
平成 17 年	2,009,380	1,976,016	33,364	19,136
平成 22 年	1,679,084	1,643,518	35,566	21,627
平成 27 年	1,377,266	1,339,964	37,302	27,101
令和 2 年	1,075,705	1,037,342	38,363	30,707

（農林水産省「2020 年農林業センサス」より一部加工のうえ掲載）

農業経営体別推移

※個人経営・農業経営体全体は左軸、団体経営・法人経営は右軸

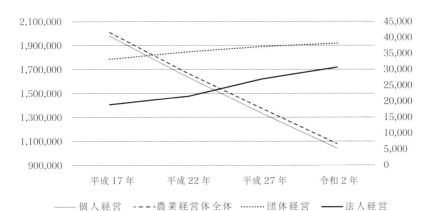

────── 個人経営　-----農業経営体全体　………団体経営　━━━━法人経営

（農林水産省「2020年農林業センサス」を参考に筆者作成）

　農業経営体数は減少しているものの、農業総産出額は平成17年比で
みると減少しているわけではなく3.8％増加しています。
　なお、農業総産出額は過去の統計からみてピーク時よりは減少してい
るものの農業経営体数の減少という事実と相関して減少しているわけで
はないことがわかります。
　農業技術の進歩により経営効率が高まっていることや、法人経営によ
る経営効率の向上が寄与しているものと考えられます。

年次別農業総産出額及び生産農業所得（生産農業所得統計）

年　次	農業総産出額	耕種										果　実	花　き
		計	米	麦類	雑穀	豆類	いも類	野菜					
								小計	果菜類	葉茎業類	根菜類		
	億円	億円	億円	億円	億円	億円	億円	億円	億円	億円	億円	億円	億円
昭.30(1955)	16,617	14,062	8,634	1,155	123	501	639	1,191	422	350	419	662	79
昭.31(1956)	15,505	12,705	7,288	1,023	82	472	558	1,333	454	430	449	750	72
昭.32(1957)	16,775	13,921	8,189	998	120	526	671	1,355	537	393	425	892	79
昭.33(1958)	17,010	14,088	8,383	952	99	485	622	1,503	535	523	445	912	80
昭.34(1959)	17,895	14,601	8,827	1,081	78	515	593	1,423	517	420	486	927	83
昭.35(1960)	19,148	15,415	9,074	1,060	113	487	577	1,741	701	498	542	1,154	87
昭.36(1961)	21,081	16,484	9,167	1,079	62	482	618	2,331	840	745	746	1,354	93
昭.37(1962)	24,381	18,909	10,679	946	67	446	727	2,742	1,105	840	797	1,626	107
昭.38(1963)	25,760	19,535	11,353	341	79	511	847	2,905	1,176	827	902	1,694	126
昭.39(1964)	28,761	22,235	12,700	837	56	408	715	3,540	1,339	1,137	1,064	1,797	154
昭.40(1965)	31,769	24,161	13,691	940	59	518	793	3,744	1,595	1,076	1,073	2,100	192
昭.41(1966)	35,713	27,050	15,346	869	59	466	852	4,410	1,913	1,373	1,124	2,432	224
昭.42(1967)	41,661	31,834	18,977	896	60	480	776	5,140	2,232	1,705	1,203	2,534	247
昭.43(1968)	43,846	33,176	20,097	980	51	513	678	5,170	2,421	1,402	1,347	2,674	283
昭.44(1969)	46,587	34,870	19,614	752	44	518	666	6,504	3,096	1,872	1,536	3,563	357
昭.45(1970)	46,643	34,206	17,662	483	32	546	781	7,400	3,171	2,433	1,796	3,966	425
昭.46(1971)	45,745	32,167	15,655	496	28	497	678	7,233	3,543	1,982	1,708	4,018	497
昭.47(1972)	50,794	35,975	17,856	337	35	571	764	8,228	4,132	2,289	1,807	4,143	558
昭.48(1973)	61,120	43,550	21,205	268	44	708	1,014	10,858	4,976	3,549	2,333	4,774	629
昭.49(1974)	76,438	54,853	28,171	456	42	800	1,396	12,733	6,284	3,629	2,820	5,827	783
昭.50(1975)	90,514	65,012	34,658	566	36	735	1,277	14,673	7,155	4,401	3,117	6,462	792
昭.51(1976)	92,946	66,719	33,545	572	30	931	1,416	15,360	7,402	4,860	3,098	7,293	1,046
昭.52(1977)	101,140	72,524	39,075	668	38	882	1,678	15,264	7,680	4,372	3,211	7,339	1,131
昭.53(1978)	103,476	74,417	38,510	1,107	33	943	1,551	15,979	8,255	4,446	3,277	8,238	1,211
昭.54(1979)	105,390	74,876	36,082	1,551	43	1,000	1,701	18,767	9,184	5,918	3,666	7,499	1,623
昭.55(1980)	102,625	69,660	30,781	1,661	50	945	2,088	19,037	8,795	6,723	3,520	6,916	1,719
昭.56(1981)	107,154	73,984	32,994	1,663	53	1,134	2,269	19,549	9,346	6,159	4,044	7,612	1,787
昭.57(1982)	106,725	73,460	33,059	1,953	47	1,213	1,983	18,752	9,190	5,793	3,769	7,523	1,889
昭.58(1983)	110,027	76,753	34,134	1,814	46	1,075	2,260	20,792	9,625	7,211	3,956	7,365	1,994
昭.59(1984)	117,171	83,522	39,300	2,010	48	1,207	2,339	19,718	9,777	6,102	3,839	9,428	2,070
昭.60(1985)	116,295	82,996	38,299	2,152	41	1,041	2,031	21,104	10,601	6,912	3,590	9,383	2,302
昭.61(1986)	114,232	81,203	37,556	2,024	44	1,151	2,222	20,833	9,950	6,767	4,116	8,389	2,337
昭.62(1987)	105,814	75,937	32,697	1,846	55	1,145	2,224	21,181	10,580	6,453	4,148	8,141	2,616
昭.63(1988)	105,165	75,289	30,347	2,003	64	1,130	2,075	23,038	10,995	7,997	4,046	8,153	2,892
平.元(1989)	110,526	79,234	32,266	1,795	67	1,158	2,095	23,218	11,473	7,575	4,170	9,435	3,187
平.2(1990)	114,927	82,952	31,959	1,698	64	929	2,388	25,880	12,112	8,981	4,787	10,451	3,845
平.3(1991)	114,869	82,858	29,219	1,193	60	917	2,786	28,005	12,805	9,963	5,237	11,025	4,171
平.4(1992)	112,418	82,998	33,889	1,260	66	941	2,639	24,607	12,851	7,455	4,300	9,565	4,241
平.5(1993)	104,472	77,005	28,359	1,103	51	770	2,467	26,545	12,922	9,209	4,414	8,031	4,293
平.6(1994)	113,103	86,771	38,249	1,027	61	674	2,453	25,088	11,375	9,291	4,422	9,561	4,269
平.7(1995)	104,498	78,513	31,861	843	61	711	2,431	23,978	11,376	8,298	4,303	9,140	4,360
平.8(1996)	103,166	76,423	30,540	963	59	763	2,418	22,986	11,153	7,733	4,100	9,263	4,437
平.9(1997)	99,113	72,492	27,792	1,046	60	722	2,208	23,090	11,212	8,210	3,668	8,057	4,586
平.10(1998)	99,264	73,891	25,148	959	50	732	2,727	25,953	10,968	10,391	4,595	9,037	4,734
平.11(1999)	93,638	68,209	23,761	1,128	65	922	2,567	22,395	10,633	8,262	3,500	7,972	4,612
平.12(2000)	91,295	66,026	23,210	1,306	72	1,013	2,298	21,139	9,982	7,713	3,444	8,107	4,466
平.13(2001)	88,813	64,077	22,284	1,293	59	964	1,978	21,188	9,875	8,122	3,191	7,521	4,460
平.14(2002)	89,297	63,908	21,720	1,513	69	991	1,928	21,514	9,848	8,238	3,427	7,489	4,471
平.15(2003)	88,422	63,469	23,416	1,506	85	1,011	2,051	20,970	9,517	8,157	3,296	7,141	4,256
平.16(2004)	87,136	61,832	19,910	1,488	76	928	1,981	21,427	9,485	8,608	3,333	7,627	4,156
平.17(2005)	85,119	59,396	19,469	1,537	93	768	2,016	20,327	9,081	8,193	3,053	7,274	4,043
平.18(2006)	83,322	58,179	18,147	1,454	98	730	2,027	20,508	9,474	8,008	3,027	7,727	3,991
平.19(2007)	82,585	57,196	17,903	732	87	644	1,919	20,893	9,451	8,334	3,108	7,557	4,051
平.20(2008)	84,662	58,204	19,014	754	75	778	2,031	21,105	9,311	8,482	3,311	7,410	3,656
平.21(2009)	81,902	55,899	17,950	649	66	688	2,070	20,850	9,081	8,641	3,129	6,984	3,506
平.22(2010)	81,214	55,127	15,517	490	69	619	2,071	22,485	9,404	9,585	3,496	7,497	3,512
平.23(2011)	82,463	56,394	18,497	370	69	571	2,045	21,343	9,220	8,768	3,355	7,430	3,377
平.24(2012)	85,251	58,790	20,286	440	65	658	1,842	21,896	9,485	9,060	3,351	7,471	3,451
平.25(2013)	84,668	57,031	17,807	410	48	641	1,985	22,533	9,615	9,467	3,451	7,588	3,485
平.26(2014)	83,639	53,632	14,343	384	60	749	2,075	22,421	9,437	9,576	3,407	7,628	3,437
平.27(2015)	87,979	56,245	14,994	432	87	684	2,261	23,916	10,118	10,277	3,522	7,838	3,529
平.28(2016)	92,025	59,801	16,549	312	80	554	2,372	25,567	10,512	11,031	4,024	8,333	3,529
平.29(2017)	92,742	59,605	17,357	420	93	687	2,102	24,508	10,014	10,832	3,662	8,450	3,438
平.30(2018)	90,558	57,815	17,416	398	90	623	1,955	23,212	10,289	9,622	3,301	8,406	3,327
令.元(2019)	88,938	56,300	17,426	527	106	758	1,992	21,515	9,676	8,955	2,885	8,399	3,264
令.2(2020)	89,370	56,562	16,431	508	75	690	2,370	22,520	10,149	9,296	3,074	8,741	3,080
令.3(2021)	88,384	53,787	13,699	709	78	697	2,358	21,467	9,680	8,911	2,876	9,159	3,306

（農林水産省「令和３年生産農業所得統計」より一部加工のうえ掲載）

工芸農作物	その他作物	畜産										加工農産物	生産農業所得	（参考）農業総産出額に占める生産農業所得の割合
		計	肉用牛	乳用牛	生乳	豚	鶏	鶏卵	ブロイラー	養蚕 1)	その他畜産物			
億円	億円	億円	億円	億円	億円	億円	億円	億円	億円	億円	億円	億円	億円	％
850	228	2,322	314	333	255	247	855	764	15	466	107	233	11,411	68.7
892	235	2,589	375	409	320	321	919	828	15	454	111	211	10,075	65.0
842	249	2,623	324	469	362	338	898	841	9	473	121	231	11,107	66.2
808	244	2,688	313	494	377	381	997	892	17	395	108	234	11,308	66.5
803	271	3,052	396	527	408	502	1,064	955	17	462	101	242	11,902	66.5
819	303	3,477	375	635	486	559	1,205	1,063	29	564	139	256	12,387	64.7
975	323	4,333	460	837	627	636	1,642	1,429	73	602	156	264	13,292	63.1
1,163	406	5,191	520	1,034	796	827	1,968	1,704	93	672	170	281	15,204	62.4
1,243	486	5,960	576	1,129	904	1,068	2,099	1,843	179	810	178	265	15,572	60.5
1,490	538	6,268	724	1,289	1,050	1,106	2,326	1,906	236	629	194	258	16,980	59.0
1,534	590	7,355	754	1,461	1,169	1,412	2,759	2,270	282	727	242	253	18,982	59.8
1,771	621	8,400	692	1,714	1,341	1,874	2,913	2,285	420	976	231	242	21,349	59.8
1,968	756	9,578	702	2,092	1,654	1,884	3,403	2,754	455	1,243	254	249	25,138	60.3
1,971	759	10,388	758	2,428	1,896	2,265	3,531	2,782	539	1,108	298	282	25,694	58.6
2,016	836	11,396	883	2,727	2,204	2,502	3,857	2,969	692	1,078	349	321	26,466	56.8
2,040	871	12,096	974	2,834	2,333	2,538	4,142	3,062	899	1,261	347	341	26,293	56.4
2,116	949	13,171	1,030	3,105	2,539	3,131	4,551	3,293	1,074	1,040	314	407	25,251	55.2
2,443	1,040	14,417	1,360	3,289	2,686	3,361	4,869	3,554	1,155	1,199	339	402	28,836	56.8
2,848	1,202	17,059	1,617	3,929	3,084	3,429	5,826	3,912	1,730	1,899	359	511	35,145	57.5
3,126	1,519	20,990	1,506	4,835	4,708	4,971	7,895	5,348	2,353	1,364	419	595	42,293	55.3
3,891	1,922	24,867	2,467	5,655	4,468	7,333	7,471	4,776	2,522	1,463	478	635	52,054	57.5
4,651	1,875	25,638	2,326	6,414	5,359	6,773	8,005	5,134	2,667	1,619	501	589	51,294	55.2
5,015	1,435	27,907	2,906	7,010	5,891	7,774	8,116	4,950	3,047	1,534	567	709	51,677	51.1
5,460	1,385	28,330	3,166	7,727	6,455	7,736	7,477	4,181	3,149	1,660	565	730	54,206	52.4
5,159	1,451	29,754	3,698	8,158	6,741	7,415	8,062	4,523	3,389	1,758	661	760	51,208	48.6
4,946	1,517	32,187	3,705	8,086	6,715	8,334	9,752	5,748	3,820	1,510	799	768	45,839	44.7
5,110	1,812	32,358	3,829	8,030	6,813	8,375	10,071	5,890	4,020	1,301	752	813	44,532	41.6
5,390	1,651	32,475	3,720	8,295	7,074	9,111	9,211	4,906	4,119	1,380	758	790	42,579	39.9
5,509	1,763	32,460	3,624	8,427	7,363	8,872	9,335	5,070	4,071	1,221	792	813	43,683	39.7
5,646	1,755	32,897	4,176	8,678	7,414	8,820	9,433	4,906	4,406	971	818	753	45,223	38.6
5,064	1,580	32,541	4,727	8,876	7,596	7,910	9,240	5,099	4,115	845	830	768	43,800	37.7
5,110	1,527	32,205	4,772	8,751	7,452	7,340	9,829	5,707	3,975	736	778	824	42,018	36.8
4,586	1,445	29,097	4,987	8,216	6,888	6,829	7,769	3,740	3,915	489	807	780	38,352	36.2
4,215	1,371	29,156	5,272	8,527	7,082	6,589	7,479	3,773	3,626	603	693	720	40,009	38.0
4,489	1,524	30,549	5,737	9,129	7,546	6,411	7,843	4,038	3,721	666	764	743	46,145	41.8
4,303	1,434	31,303	5,981	9,055	7,634	6,314	8,243	4,778	3,735	466	865	673	48,172	41.9
4,119	1,363	31,320	5,834	8,949	7,760	6,432	8,862	5,066	3,686	398	844	691	50,274	43.8
4,322	1,467	28,611	5,494	8,623	7,578	6,293	7,183	3,711	3,382	261	757	810	49,309	43.9
3,937	1,448	26,696	4,937	8,367	7,472	5,676	6,883	3,590	3,224	162	677	771	47,694	45.7
3,938	1,452	25,596	4,710	7,896	7,122	5,360	6,866	3,780	3,029	122	642	735	51,084	45.2
3,895	1,235	25,204	4,494	7,917	7,014	5,059	7,142	4,655	2,859	79	645	781	46,255	44.3
3,803	1,191	25,882	4,310	8,016	7,082	5,418	7,527	4,655	2,815	49	562	860	44,421	43.1
3,767	1,163	25,843	4,533	7,942	7,043	5,249	7,443	4,638	2,749	39	617	798	39,651	40.0
3,434	1,115	24,684	4,464	7,850	7,012	4,929	6,728	3,996	2,681	30	683	689	40,440	40.7
3,732	1,056	24,670	4,400	7,707	6,879	4,802	7,050	4,237	2,719	23	688	759	36,865	39.4
3,391	1,023	24,596	4,564	7,675	6,822	4,616	7,023	4,419	2,685	20	699	663	35,562	39.0
3,364	966	24,125	4,369	7,721	6,758	5,007	6,349	3,862	2,439	17	662	611	34,848	39.2
3,277	936	24,783	4,662	7,779	6,836	5,168	6,015	3,944	2,541	16	607	605	35,232	39.5
3,260	906	23,289	4,001	7,978	6,942	4,671	6,015	3,454	2,519	…	623	674	36,528	41.2
3,378	861	24,580	4,455	7,958	6,875	5,186	6,354	3,866	2,444	…	627	725	33,887	38.9
3,027	842	25,057	4,730	7,834	6,759	4,987	6,889	4,346	2,496	…	619	660	32,030	37.6
2,673	824	24,525	4,781	7,483	6,486	4,980	6,583	4,010	2,530	…	698	618	30,803	37.0
2,614	796	24,787	4,847	7,311	6,363	5,233	6,755	4,017	2,692	…	641	603	30,207	36.6
2,649	732	25,852	4,591	7,480	6,598	5,786	7,444	4,501	2,890	…	551	606	27,604	32.6
2,434	702	25,466	4,819	7,906	7,027	5,120	7,086	4,207	2,829	…	535	537	25,946	31.7
2,143	715	25,525	4,639	7,725	6,747	5,359	7,530	4,505	2,877	…	518	560	28,395	35.0
1,983	709	25,509	4,625	7,506	6,579	5,359	7,530	4,505	2,859	…	489	560	27,800	33.7
1,962	719	25,239	5,033	7,746	6,873	5,367	7,239	4,382	2,857	…	496	581	29,541	34.7
1,849	687	27,092	5,189	7,780	6,824	5,746	7,842	4,638	3,018	…	536	545	29,412	34.7
1,889	646	29,448	5,940	8,051	6,967	6,331	8,530	5,109	3,254	…	595	559	28,319	33.9
1,862	643	31,179	6,886	8,397	7,314	6,465	8,565	5,465	3,415	…	634	555	32,892	37.4
1,871	635	31,626	7,391	8,703	7,391	6,122	8,754	5,148	3,441	…	657	598	37,558	40.8
1,930	622	32,522	7,312	8,955	7,402	6,494	9,031	5,572	3,578	…	730	615	37,616	40.6
1,786	603	32,129	7,619	9,110	7,474	6,062	8,606	4,812	3,608	…	731	615	34,873	38.5
1,699	614	32,107	7,880	9,193	7,628	6,064	8,231	4,549	3,510	…	740	530	33,215	37.3
1,553	595	32,372	7,385	9,247	7,797	6,619	8,334	4,546	3,621	…	787	436	33,434	37.4
1,727	587	34,048	8,232	9,222	7,861	6,360	9,364	5,470	3,740	…	869	549	33,479	37.9

2　法人経営体の内訳

法人経営体の内訳推移は次表のようになっています。

農業法人経営体内訳推移

	合　計	計	農事組合法　人	法人化している										その他の法　人
				会社					各種団体					
				小　計	株式会社（特例有限含む）	会名・合資会社	合同会社	相互会社	小　計	農　協	森林組合	その他の各種団体		
平成17年	2,009,380	19,136	2,610	10,982	10,903	79			5,053	4,508	17	528		491
平成22年	1,679,084	21,627	4,049	12,984	12,743	127	114		4,069	3,362	33	674		525
平成27年	1,377,266	27,101	6,199	16,573	16,094	150	329		3,438	2,644	27	767		891
令和2年	1,075,705	30,707	7,329	19,977	18,942	168	867		2,076	1,699	19	358		1,325

（農林水産省「農林業センサス」より一部加工のうえ掲載）

　農事組合法人と株式会社の増加が顕著であり、令和2年には平成17年比で農事組合法人は約180.8％の増加、株式会社は73.7％の増加となっています。株式会社や農事組合法人は、農地所有適格法人と認められる法人形態であり、農業の法人化を推進する政策の効果があらわれているものと見受けられます。

　法人経営が増加すると税理士、農業経営アドバイザー、コンサルタントといった外部専門家の活躍の機会も増えていくことになります。

3　農業法人の経営実態

　公益社団法人日本農業法人協会が公表する「2022年版農業法人白書」によると、農業法人の売上規模構成は次表のようになっています。有効回答数1412の分布であることを考慮する必要はありますが、農業法人

全体の分布と乖離していることを疑う事情も見受けられないため、概ね農業法人全体の分布も大きな乖離はないものと考えて支障ないものと思われます。

農業法人売上規模構成

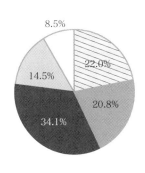

凡例：
- 5000万円以下
- 5000万円超1億円以下
- 1億円超3億円以下
- 3億円超10億円以下
- 10億円超

(公益社団法人日本農業法人協会「2022年版農業法人白書」より一部加工のうえ掲載)

　売上規模5000万円以下が22.0％、5000万円超1億円以下が20.8％、1億円超3億円以下が34.1％、3億円超10億円以下が14.5％、10億円超が8.5％となっています。

　1億円以上の農業法人は57.2％程度ある一方で売上規模5000万円以下の小規模法人も22.0％あることがわかります。

　なお、農業法人白書によると事業として農業生産のみの法人は28.4％にとどまり、農業法人の71.6％が販売業、加工業、観光業といった周辺事業に多角化しています。

4 農業種別の主な販売先

2022年版農業法人白書によると農業種別の主な販売先は次表のように
なっています。なお、主な販売先は、農業法人が販売先別の取扱い額
の最も高い販売先として回答したもの（取扱い額が最も高い販売先が複
数ある場合は複数販売先として集計されています。）を集計したものと
なっているので、取扱額の構成比とは異なる点に留意が必要です。

農業種別の主な販売先

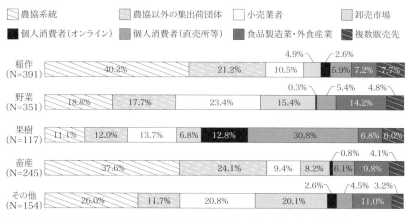

（公益社団法人日本農業法人協会「2022年版農業法人白書」より一部加工のうえ掲載）

農協系統や農協以外の集出荷団体を通じた販売がメインというイメー
ジを持たれている方も多い印象ですが、野菜では36.5％、果樹では
23.1％にとどまっています。販売先は多岐にわたっており、各農業法
人の経営方針・営業方針によって主な販売先が多様化しているといえま
す。

5　農業以外の事業者の農業参入が容易化した法改正

　平成 28 年には、従来の農業生産法人制度を農地所有適格法人制度に改正して、法人による農地取得を緩和する改正がありました。農業経営体が個人から法人化することによって農業の大規模化・組織化が促進し、効率的な農業が可能となり農業が活性化することが期待されています。

　農地法では、農地の取得時に取得者の保有する農地が 50a 以上でなければならないという下限面積制限が設けられていました（旧農地法 3 条 2 項 5 号）。そのため、50a 未満の農地を取得しての農業参入ができない状況が続いていました。この下限面積制限は令和 3 年の農地法改正（令和 5 年 4 月 1 日施行）で撤廃され、農地を保有していなかった者であっても農地を取得しやすくなりました。そのため、これまで農地を持っていなかった者の参入が容易化しているといわれており、農業以外の事業者による農業参入がますます増えてくることが想定されます。

　個人農業者が法人化していくことによって財務・税務等の知見や、企業経営の知見について専門職ニーズが高まっています。税理士、農業経営アドバイザー、コンサルタントといった外部専門家の活躍の場が増えていくことが期待されます。

1. 歩（ぶ）・畝（せ）・反（たん）・町（ちょう）

　歩（ぶ）・畝（せ）・反（たん）・町（ちょう）は農地の測量単位です。歩・畝・反・町の順に大きくなります（歩＜畝＜反＜町）。

　1町＝10反（約9900㎡）・1反＝10畝（約990㎡）・1畝＝30歩（約99㎡）

　農業関係者と話をする際に耕作規模が話題になると反や町といった単位が使われることが多いので、反・町という単位については必ず覚えておきましょう。なお、土地の測量単位では坪が使われることが多いですが、坪と歩はいずれも約3.3㎡で同じ広さです。

　農業経営者と話をすると耕作面積について〇反・〇町といった話がしばしばです。収益効率について1反当たりの売上高を参考にすることもあり、反収（たんしゅう）がいくらか、反収をいかにして上げるかは農業経営者の関心事でもあります。

　国税庁は毎年、相続税納税猶予制度を利用する際の農地等についての相続税の納税猶予額算定の基礎となる農業投資価格を公表しています。国税庁が公表する農業投資価格は10ａ当たりの価格であり、これは1反（およそ10ａ）当たりの価格と符号します。

第 2 章

農業ビジネスに関与する
税理士等が知っておきたい
農業関係法令の基礎知識

1　農業関係法令の難解さ

　農業に関係する法令は、農地法を中心とした法令の多くは農林水産省の所轄法令ではありますが、都市計画法や生産緑地法は国土交通省、固定資産税について定める地方税法は総務省といったように所轄官庁が複雑にまたがっています。

　行政や専門職（税理士や弁護士）に相談した場合に、異なる側面に関する論点について他の部署や専門職に確認するように促され明確な回答が得られないといった経験をされている方も多い印象です。税理士が業務で農業関係の相談を受けた際に、税理士としての領分を超えた領域について無理に回答する義務はないとしても、担当となる行政はどこなのか、どこに相談すれば解決できる問題なのか適切に切り分けてアドバイスできるとよいでしょう。

　しかし、基本となる法的知識はあるにこしたことはありません。税理士やコンサルタントといった農業経営を支援する立場にある方が知っているとよいであろう農業関係法令の基礎知識を整理しました。

2　農地法

（1）　法律の概要

　農地は、いうまでもなく農業生産の基盤であり、各地域における貴重な限られた資源です。

　農地法は、農地を農地以外のものにすることを規制するとともに、農地を効率的に利用する耕作者による地域との調和に配慮した農地の利用

関係を調整し、農地の農業上の利用を確保するための措置を講ずることにより、耕作者の地位の安定と国内の農業生産の増大を図り、もって国民に対する食料の安定供給の確保に資することを目的とする法律です。

（2）　農地法第3条の許可：農地の権利移動の制限

　不動産開発を事業とする会社の立場では、まとまった広大な土地を一括して取得できる可能性のある農地は魅力的です。不動産開発業者でなくとも資材置場や廃棄物保管に使用したいといった業者がいることも考えられます。自由な取引を認めてしまうと農業の用に供されるべき土地が非農業者に権利が移転したり、農地として利用できない状況に転用されてしまったりするなど非農地化してしまい農地を保護できない懸念があります。

　そのため、農地について売却したり、賃貸借したり、といったように使用収益権を移動する場合、農業委員会の許可を受ける必要があることを農地法第3条第1項で規定しています。

　ただし、以下の場合には農業委員会の許可は不要とされています。

▶農地法の規定によって所有権が移転され、又は移転される場合

▶農地中間管理権が設定される場合

▶権利取得者が国又は都道府県である場合

▶民事調停法による農事調停によってこれらの権利が設定され、又は移転される場合

▶土地収用法等によって農地等に関する権利が収用され、又は使用される場合

▶遺産の分割、離婚に伴う財産分与の裁判・調停又は特別縁故者に対する相続財産分与請求によって権利が設定され、又は移転される場合

▶農地法第3条第1項ただし書きに規定された以下の農業関連法令に基

づき権利が設定され、又は移転される場合

土地改良法、農業振興地域の整備に関する法律、集落地域整備法、市民農園整備促進法、農地中間管理事業の推進に関する法律、特定農山村地域における農林業等の活性化のための基盤整備の促進に関する法律、農山漁村の活性化のための定住等及び地域間交流の促進に関する法律、農林漁業の健全な発展と調和のとれた再生可能エネルギー電気の発電の促進に関する法律

▶農地中間管理機構が、農業経営基盤強化促進法第7条第1項に係る事業実施により権利を取得する場合

▶信託事業を行う農業協同組合又は農地中間管理機構が信託事業による信託の引受けにより所有権を取得する場合及び当該信託の終了によりその委託者又はその一般承継人が所有権を取得する場合

▶農地中間管理機構が引き受けた農地貸付信託の終了によりその委託者又はその一般承継人が所有権を取得する場合

▶指定都市が古都における歴史的風土の保存に関する特別措置法第19条の規定に基づいてする同法第11条第1項の規定による買入れによって所有権を取得する場合

▶その他農林水産省令で定める場合

「その他農林水産省令で定める場合」は、農地法施行規則第15条に定めがあり、例えば以下のようなものです。

▶包括遺贈又は相続人に対する特定遺贈により農地法第3条第1項の権利が取得される場合

▶市街化区域内にある農地に係る権利が取得される場合

▶政策的目的を達成するために法律の定めにより権利が取得される場合

（3）　農地に係る権利移動を許可できない場合

農地法第3条第2項は不許可事由として以下を規定しています。

▶権利を取得しようとする者の農業に必要な機械の所有の状況、農作業従事者数等からみて、これらの者がその取得後において農業用地の全てを効率的に利用して耕作又は養畜の事業を行うと認められない場合（当該事由に該当しないことを全部効率要件といいます。）

▶農地所有適格法人以外の法人が権利を取得しようとする場合

▶信託の引受けにより権利が取得される場合

▶権利を取得しようとする者が取得後に農作業に常時従事すると認められない場合（当該事由に該当しないことを常時従事要件といいます。）

▶農地又は採草放牧地につき所有権以外の権原に基づいて耕作又は養畜の事業を行う者がその土地を貸し付け、又は質入れしようとする場合

▶権利を取得しようとする者がその取得後において行う農業の内容・農地の位置・規模からみて、農地の集団化、農作業の効率化その他周辺の地域における農地又は採草放牧地の農業上の効率的かつ総合的な利用の確保に支障を生ずるおそれがあると認められる場合（当該事由に該当しないことを地域調和要件といいます。）

農地に係る権利を取得しようとする場合、全部効率要件、常時従事要件、地域調和要件を充足したうえで許可申請をすることになります。そのため、全部効率要件、常時従事要件、地域調和要件のことが農地に係る権利取得要件というようにいわれることもあります。

なお、令和3年の農地法改正（令和5年4月1日施行）より農地の権利取得における下限面積制限が撤廃されました。改正前の農地法においては最低農業経営規模として耕作面積50a以上という下限面積制限があり、それまで農業に従事してこなかった非農業者が小規模の農地の権

利を取得することができませんでした。下限面積制限が撤廃されたことで、これまで農業参入できなかった事業者等の農業参入が容易化することが見込まれています。

（4）　農地所有適格法人でない法人が農地を借受けるための要件

　農地所有適格法人でない法人は農地の所有権を取得することはできません。しかしながら、農地所有適格法人でない法人であっても使用貸借や賃貸借で農地を借りることはできます。農地所有適格法人でない法人が農地を借受けるためには以下の要件を全て満たす必要があります（農地法3条3項）。

①契約条件に解除条件が付されていること。

②地域農業者との適切な役割分担の下に継続的かつ安定的に農業経営を行うと見込まれること。

③業務執行役員等が1人以上農業に常時従事すること。

　農業に常時従事することというのは、農作業だけでなく、農地を借りて営農する法人の営業や企画等の業務であっても許容されます。

　なお、農地所有適格法人については第11章で解説しています。

（5）　農地法第4条の許可：農地の転用の制限

　農地を農地以外のものにすることを転用といいます。農地を転用する場合、農地法第4条第1項に基づく都道府県知事の許可を受ける必要があります。

　農地転用許可制度は、農地区分ごとに規定された立地基準と一般基準に合致するかを審査して許可・不許可を判断することになります。農地転用が加速して農地の著しい非農地化がすすまないように農地転用は第3種農地（市街化区域内農地等）以外では原則不許可の運用となってい

ます。

〈立地基準〉

　立地基準では営農条件及び周辺都市状況からみて許可の可否を判断する基準であり農地を以下の5つに分類しています。なお、これらの分類は相続税等の課税価格を評価する際の農地分類でも参考にします。

分類	概要	許可方針
農用地区域内農地	農業振興地域　農用地区域内農地	原則不許可 例外：農用地利用計画における指定用途の用に供する場合
甲種農地	良好な営農条件を備えており以下の条件に該当する市街化区域内農地 ・10ha 以上の規模の一団の農地の区域内にある農地のうち、その面積、形状その他の条件が農作業を効率的に行うのに必要なものとして農林水産省令で定める基準に適合するもの	原則不許可 例外：土地収用法第26条の告示に係る事業の用に供する場合

	・特定土地改良事業等の工事が完了した年度の翌年度の初日から起算して 8 年を経過したもの以外のもの	
第 1 種農地	良好な営農条件を備えている農地 ・10ha 以上の規模の一団の農地の区域内にある農地 ・特定土地改良事業等の施行に係る区域内にある農地 ・傾斜、土性その他の自然的条件からみてその近傍の標準的な農地を超える生産をあげることができると認められる農地	原則不許可 例外：土地収用法等対象事業の用に供する場合
第 2 種農地	駅から 500 m 以内にある等市街地化が見込まれる農地又は生産性の低い細分化した農地	転用許可申請に係る農地に代えて周辺の他の土地を供することにより当該申請に係る事業の目的を達成することができると認められない場合、代替性がないことから許可されます。

第3種農地	駅から300m以内にある等の市街地の区域内又は市街地化の傾向が著しい区域内にある農地	原則許可

〈一般基準〉

　以下の事由に該当すると農地転用を許可できないことになっています（農地法4条6項3号〜6号）。農地転用をして申請用途に供することが確実と認められなかったり、周辺農地の営農条件に支障を生ずるおそれがあると認めれなかったりすることがないか審査するものであり、一般基準とよばれています。

▶申請者に申請に係る農地を農地以外のものにする行為を行うために必要な資力及び信用があると認められない場合

▶申請に係る農地を農地以外のものにする行為の妨げとなる権利を有する者の同意を得ていない場合

▶申請に係る農地の全てを住宅の用、事業の用に供する施設の用その他の当該申請に係る用途に供することが確実と認められない場合

▶申請に係る農地を農地以外のものにすることにより、土砂の流出又は崩壊その他の災害を発生させるおそれがあると認められる場合

▶農業用用排水施設の有する機能に支障を及ぼすおそれがあると認められる場合

▶周辺の農地に係る営農条件に支障を生ずるおそれがあると認められる場合

▶申請に係る農地を農地以外のものにすることにより、地域における効率的かつ安定的な農業経営を営む者に対する農地の利用の集積に支障

を及ぼすおそれがあると認められる場合

▶ 地域における農地の農業上の効率的かつ総合的な利用の確保に支障を生ずるおそれがあると認められる場合として政令で定める場合

▶ 仮設工作物の設置その他の一時的な利用に供するため農地を農地以外のものにしようとする場合において、その利用に供された後にその土地が耕作の目的に供されることが確実と認められないとき。

（6） 農地法第5条の許可：転用を前提とした権利移動の制限

　農地を転用して利用するために農地の所有権を取得しようとする場合、まず農地法第3条の許可を得て所有権を取得したうえで農地法第4条の許可を受ける方法や、農地法第4条の許可を得て転用したうえで転用後の土地を売却することも考えられます。

　農地を転用するために農地に係る権利を設定・移転する場合の規定として農地法第5条が規定されており、このような場合には農地法第5条に基づく都道府県知事等の許可を受けることになります。農地法第5条に基づく許可申請をすることで農地法第3条の許可を受けた後に再度農地法第4条の許可申請をするといった段階的手続を回避することができます。

（7） 違反転用に対する措置

　農地法第4条や第5条の許可を得ずに農地転用した者、許可条件に違反した者、これらの者から対象違反農地について工事等を請け負った者、虚偽や不正の手段により農地法第4条・第5条の許可を受けた者は、違反転用者等となります。

　都道府県知事等は、土地の農業上の利用の確保及び他の公益並びに関係人の利益を衡量して特に必要があると認めるときは、その必要の限度

において、違反転用者等に対して、原状回復を命ずることができます。

　また、都道府県知事等は、以下の場合には自ら原状回復措置を講ずることができ、その費用を違反転用者等に対して負担させることができます（農地法51条）。

（8）　農地を相続した時の農地法上の手続

　遺産の分割によって農地の権利が設定・移転する場合は、農地法第3条の許可は不要です（農地法3条1項12号）。すなわち、農地を相続した場合には、農地を相続によって取得する相続人は農地法第3条の許可がなくとも農地を適法に取得することができます。

　しかしながら、農地法第3条の3は、「農地又は採草放牧地について第3条第1項本文に掲げる権利を取得した者は、同項の許可を受けてこれらの権利を取得した場合、同項各号（第12号及び第16号を除く。）のいずれかに該当する場合その他農林水産省令で定める場合を除き、遅滞なく、農林水産省令で定めるところにより、その農地又は採草放牧地の存する市町村の農業委員会にその旨を届け出なければならない。」と定めています。

　農地の相続は、上記にて括弧書きで除外された第12号に該当しますので、農地を相続した旨を農業委員会に届出をすることが必要になります。農業者の相続税申告等で関与する際には相続人に届出が必要であることを説明することを失念しないように留意しましょう。

（9）　農地の賃借権の特則

〈対抗要件〉

　「不動産に関する物権の得喪及び変更は、不動産登記法（平成16年法律第123号）その他の登記に関する法律の定めるところに従いその

登記をしなければ、第三者に対抗することができない。」というのが民法の原則です（民法177条）。もっとも、農地又は採草放牧地の賃貸借は、その登記がなくても、農地又は採草放牧地の引渡があったときは、これをもってその後その農地又は採草放牧地について物権を取得した第三者に対抗することができます（農地法16条）。

　この点をもって賃借権の対抗要件が農地については農地以外の不動産と異なっているという説明がされていることがあります。しかしながら、借地借家法において建物の賃借権についても登記がなく引渡しのみで対抗要件を認めていることから、農地以外の不動産の賃貸借と異なっているともいえない部分もあり、不正確な説明になっているような例もありますので誤解しないよう注意しましょう。

〈賃貸借の更新〉

　期間の定めのある農地の賃貸借について、その当事者が、その期間の満了の1年前から6か月前までの間に、相手方に対して更新をしない旨の通知をしないときは、原則として従前の賃貸借と同一の条件で更に賃貸借をしたものとみなされます（農地法17条）。

　なお、この後記のとおり、賃貸借をしない旨の通知をするためには原則として都道府県知事の許可を受ける必要があります。更新しないことについて都道府県知事が許可をしない限りは農地の賃貸借契約はみなし更新していくのが農地法の賃貸借の制度設計です。

〈賃貸借の解約等の制限〉

　農地の賃貸借の当事者は、都道府県知事の許可を受けなければ、賃貸借の解除をし、解約の申入れをし、合意による解約をし、又は賃貸借の更新をしない旨の通知をすることが原則としてできません（農地法18

条1項本文)。

　都道府県知事が許可をすることができるのは以下の場合に限られます。

▷賃借人が信義に反した行為をした場合

▷その農地又は採草放牧地を農地又は採草放牧地以外のものにすることを相当とする場合

▷賃借人の生計(法人にあつては、経営)、賃貸人の経営能力等を考慮し、賃貸人がその農地又は採草放牧地を耕作又は養畜の事業に供することを相当とする場合

▷その農地について賃借人が農地中間管理権に関し農地中間管理機構と協議すべきこととの勧告を受けた場合

▷賃借人である農地所有適格法人が農地所有適格法人でなくなった場合並びに賃借人である農地所有適格法人の構成員となっている賃貸人がその法人の構成員でなくなり、その賃貸人又はその世帯員等がその許可を受けた後において耕作又は養畜の事業に供すべき農地及び採草放牧地の全てを効率的に利用して耕作又は養畜の事業を行うことができると認められ、かつ、その事業に必要な農作業に常時従事すると認められる場合

▷その他正当の事由がある場合

　耕作権は相続税の課税対象となる土地の上に存する権利です。都市農地のように地価の高いエリアに所在する農地の場合、耕作権の評価額も高くなる傾向にあり、それに伴って相続税負担が大きくなります。後継者がおらず耕作者が死亡したときに耕作権を相続させる必要がないような場合には、生前の相続税対策において耕作権を解消することも検討することが想定されますが、都道府県知事の許可を要することから当事者の解約合意のみでは耕作権を適法に解消できない点に留意が必要です。

3　農業委員会等に関する法律

（1）　法律の概要

　農業委員会等に関する法律は、農業生産力の増進及び農業経営の合理化を図るため、農業委員会の組織及び運営並びに農業委員会ネットワーク機構の指定等について定め、もって農業の健全な発展に寄与することを目的とする法律です。

　農業委員会に関する組織は、同法に基づき、市町村ごとに設置された農業委員会、農業委員会ネットワーク機構として都道府県ごとに設置された都道府県農業会議、都道府県農業会議の連絡調整や支援を行う全国農業会議で構成されています。

（2）　農業委員会

　農業委員会は、農地のある市町村に設置の義務付けられている行政委員会です（農業委員会法3条）。農地法等によりその権限として規定された農地等の利用関係の調整に関する許可事務や農地行政の執行等を行います。

　農業委員会の委員は、農業に関する識見を有し、農地等の利用の最適化の推進に関する事項その他の農業委員会の所掌に属する事項に関しその職務を適切に行うことができる者のうちから、市町村長が議会の同意を得て任命します（農業委員会法8条）。

　平成27年の農業委員会等に関する法律改正（平成28年4月1日施行）では農地利用の集積・集約化、遊休農地の発生防止・解消、新規参入の促進等を推進するために、農業委員会の所掌事務として「区域内の農地等の利用の最適化の推進」が明記されました（農業委員会法6条）。

　農業委員会は、農地等の利用の最適化の推進に熱意と識見を有する者のうちから、農地利用最適化推進委員を委嘱します。農地利用最適化推進委員は、農地中間管理機構との連携に努め、区域内農地等の利用の最適化の推進のための活動を行います（農業委員会法17条）。

（3）　農業委員会ネットワーク機構

　農業委員会ネットワーク機構として、都道府県知事の指定を受けた一般社団法人である都道府県農業会議と、農林水産大臣の指定を受けた全国農業会議があります。

　都道府県農業会議は、各都道府県の区域内における以下の業務を行います（農業委員会法43条）。

▷農業委員会相互の連絡調整並びにその事務を効率的かつ効果的に実施している農業委員会の取組に関する情報の公表、農業委員会の委員、推進委員及び職員に対する講習及び研修その他の農業委員会に対する支援。

▷農地に関する情報の収集、整理及び提供。

▷農業経営を営み、又は営もうとする者に対する関係農業委員会の紹介その他の支援。

▷法人化の支援その他農業経営の合理化のために必要な支援。

▷認定農業者その他の農業の担い手の組織化及びこれらの者の組織の運営の支援。

▷農業一般に関する調査及び情報の提供。

▷農地法その他の法令の規定により都道府県機構が行うものとされた業務。

　全国農業会議は、都道府県機構相互の連絡調整並びに都道府県機構が行う農業委員会の委員、推進委員及び職員の講習、研修への協力その他

の都道府県機構に対する支援を行います。

4　都市計画法

（1）　法律の概要

　都市計画法は、都市計画の内容及びその決定手続、都市計画制限、都市計画事業その他都市計画に関し必要な事項を定めることにより、都市の健全な発展と秩序ある整備を図り、もって国土の均衡ある発展と公共の福祉の増進に寄与することを目的とする法律です。

　都市計画や開発行為制限等に関する規制や都市計画事業について規定しています。

（2）　農地関連法との関係

　都市計画法は、都市計画の内容及びその決定手続、都市計画制限、都市計画事業その他都市計画に関し必要な事項を定める法律です。

　農地法に規定する農地法関連手続は、都市計画法に基づく区域区分に応じて異なる取扱いとなるものが存在します。例えば、市街化区域内農地では農地法第3条の許可を得ることなく届出のみで所有権を譲渡することができますが、許可が必要か否かの分水嶺となる農地が市街化区域内に所在するか否かは都市計画法上の取扱いを検討することで把握します。

　農地関連の法律を理解するうえで、都市計画法に基づく区域区分等を理解することが重要です。

（3）　都市計画区域内農地の分類

　都道府県は、市又は人口、就業者数その他の事項が政令で定める要件に該当する町村の中心の市街地を含み、かつ、自然的及び社会的条件並びに人口、土地利用、交通量その他国土交通省令で定める事項に関する現況及び推移を勘案して、一体の都市として総合的に整備し、開発し、及び保全する必要がある区域を都市計画区域として指定します（都計法5条）。

　都市計画区域では、無秩序な市街化を防止して計画的な市街化を図るため、市街化区域と市街化調整区域を定めることができます。都市計画区域の全てを市街化区域と市街化調整区域として定めなければならないわけではないため、都市計画は、市街化区域、市街化調整区域、市街化区域でも市街化調整区域でもない非線引き区域に分かれることになります（都計法7条）。

　農地についても市街化区域内農地、市街化調整区域内農地、非線引き区域農地に分類することができます。農地の分類においては、市街化区域農地か、それ以外かという分類が非常に重要です。

（4）　都市計画の農地法の許可との関係

　農地の権利移動には農業委員会の許可が必要となるのが原則です。しかしながら、市街化区域内農地に係る権利移動については農業委員会の許可が不要です（農地法3条1項16号、農地規15条6号）。すなわち、市街化区域内農地については、農業委員会の許可を得る必要はなく、届出のみで権利移動をすることができます（農地法3条の3）。

　農地の転用には都道府県知事等の許可が必要となるのが原則です。しかしながら、市街化区域内農地を農地以外のものに転用する場合につい

ては、都道府県知事等の許可を得る必要はなく、届出のみで権利移動をすることができます（農地法4条1項7号）。

　市街化区域は、すでに市街地を形成している区域及び概ね10年以内に優先的かつ計画的に市街化を図るべき区域のことです。このような都市計画との関連から農業委員会の許可が不要となっており、届出のみで権利移動や転用ができることが法律上認められています。

（5）　田園住居地域の創設

　後述第8節にて解説しますが、住宅と農地が混在し、両者が調和して良好な居住環境と営農環境を形成している地域を、あるべき市街地像として都市計画に位置付けるような政策的転換がありました。

　このような経緯で平成30年4月施行の改正都市計画法で新たな用途地域として田園住居地域が創設されました。用途地域の追加は、平成4年改正の都市計画法で追加されて以来25年ぶりです。

　都市郊外で住宅もある田園地域において、当該地域及びその周辺の農産物を活用した直売所や農家レストラン、農家カフェを設置しやすいような制度が想定されています。しかしながら、東京都においても田園住居地域に指定された事例がないというのが実情です。

5　農業振興地域の整備に関する法律

（1）　法律の概要

　農業振興地域の整備に関する法律は、自然的経済的社会的諸条件を考慮して総合的に農業の振興を図ることが必要であると認められる地域について、その地域の整備に関し必要な施策を計画的に推進するための措

置を講ずることにより、農業の健全な発展を図るとともに、国土資源の
合理的な利用に寄与することを目的とする法律です。

　農用地等の確保等に関する基本指針、農業振興地域整備基本方針、農
業振興地域の指定、農業振興地域整備計画等について規定しています。

（2）　農業振興地域の整備と運用

　農業振興地域の指定及び農業振興地域整備計画の策定は、農業の健全
な発展を図るため、土地の自然的条件、土地利用の動向、地域の人口及
び産業の将来の見通し等を考慮して行われます。

　農林水産大臣が農用地確保に関する基本方針を定め、基本方針に基づ
いて都道府県知事が当該都道府県における農業振興地域の指定及び農業
振興地域整備計画の策定に関し農業振興地域整備基本方針を定め、一定
の地域を農業振興地域として指定します（農振法4条）。

　農業振興地域として指定されると、市町村は農業振興地域整備計画を
策定し、用途を定めます。農用地として用途指定されると、農業振興地
域農用地では農業上の利用以外ができなくなり、原則として農地転用も
許可されないことになります（農振法17条）。

　なお、農業振興地域の指定は、都市計画法に基づく市街化区域にはす
ることができないことになっています（農振法6条3項）。

6　生産緑地法

（1）　法律の概要

　都市計画法に基づく都市計画区域では、都市計画に地域・地区を定め
ることができます。生産緑地区は、都市計画法で定めることのできる

地区の一つです。

　生産緑地法は、生産緑地地区に関する都市計画に関し必要な事項を定めることにより、農林漁業との調整を図りつつ、良好な都市環境の形成に資することを目的とする法律です。

（2）　生産緑地地区の指定

　三大都市圏の特定市の市街化区域にある農地は、以下の要件を充足する場合、都市計画において生産緑地地区の指定をすることができます(生産緑地法 3 条 1 項)。

▶公害又は災害の防止、農林漁業と調和した都市環境の保全等良好な生活環境の確保に相当の効用があり、かつ、公共施設等の敷地の用に供する土地として適しているものであること。

▶一団の農地として 500㎡以上の規模の区域であること（条例で 300㎡まで引き下げ可能）。

▶用排水その他の状況を勘案して農林漁業の継続が可能な条件を備えていると認められるものであること。

　生産緑地地区指定を受けるための面積要件は、平成 29 年の生産緑地法改正により市町村が条例を制定することにより 300㎡まで引き下げることができるようになりました。現在では多くの市町村で面積要件は 300㎡まで緩和されています。

　市街化区域内では宅地の地価が高い水準にあり、固定資産税負担も大きくなります。市街化区域内農地は宅地転用するために許可は不要で届出のみで足りることから、固定資産税評価において宅地並みの評価となるのが原則です。もっとも、生産緑地地区の指定を受けることによって固定資産税評価も農地並となり農地を保有することの負担を軽減することが可能となります。

　そのため、市街化区域内農地の所有者等は、当該農地を農地として残したいのであれば生産緑地地区の指定を受けることを検討します。市街化区域内農地を転用することを検討している場合は、新たに生産緑地地区の指定を受けることを求める申出を回避したり、行為制限を解除することを検討することになります。

（3）　三大都市圏の特定市とは

　三大都市圏の特定市とは、首都圏、近畿圏及び中部圏の特定市（東京都の特別区を含みます。）のことをいいます。

　「三大都市圏の特定市」という言葉は、農地関連の様々な法律で出てきますが、各法律における三大都市圏の特定市が必ずしも一致しないことに留意が必要です。

　例えば、農地相続税納税猶予制度における三大都市圏の特定市は、平成3年1月1日現在の三大都市圏の特定市のことをいいます。固定資産税や都市計画税においては、三大都市圏の特定市の生産緑地の課税標準額の評価で宅地に比べて有利になりますが、各年度で三大都市圏の特定市であるかという点で判断するため、相続税納税猶予制度における三大都市圏の特定市とは一致しません。

（4）　生産緑地地区内における行為制限

　生産緑地地区内においては、以下の行為は、市町村長の許可を受けなければ行うことができません（生産緑地法8条1項）。

▷建築物その他の工作物の新築、改築又は増築

▷宅地の造成、土石の採取その他の土地の形質の変更

▷水面の埋立て又は干拓

　市町村長は、法の認める農業関連施設の設置又は管理に係る行為で良

好な生活環境の確保を図るうえで支障がないと認めるものに限り許可することができます（生産緑地法8条2項）。

　市町村長は、許可を受けずに行為制限に反した者に対して生産緑地の保全に対する障害を排除するために必要な限度において原状回復命令を出したり、原状回復が著しく困難である場合には代替的措置命令を出したりすることができます（生産緑地法9条）。

（5）　行為制限の解除

　市街化区域内農地が生産緑地地区に指定されると、その生産緑地について建築物の新築、宅地造成等の行為が制限されます。市町村長は、行為制限違反者に対して、生産緑地の保全に対する障害を排除するため必要な限度において、その原状回復を命じ、又は原状回復が著しく困難である場合に、これに代わるべき必要な措置を採るべき旨を命ずることができます。

　生産緑地の行為制限を解除するためには、買取り申出制度に基づく買取り申出を経て買取者があらわれず買取申出日から3か月が経過する必要があります（生産緑地法14条）。

（6）　買取りの申出

　生産緑地所有者は、当該生産緑地に係る生産緑地地区指定の告示日から30年が経過する日以後に、市町村長に対し、当該生産緑地を時価で買い取るべき旨を申し出ることができるようになります（生産緑地法10条1項）。

　また、生産緑地地区指定の告示日から30年が経過していない場合であっても、当該生産緑地の主たる従事者が死亡したり、農業に従事することを不可能にさせる故障が生じたりした場合には、告示日から30年

経過した場合と同様に買取申出事由となり、市町村長に対し、当該生産
緑地を時価で買い取るべき旨を申し出ることができるようになります
（生産緑地法 10 条 2 項）。

　なお、当該生産緑地に係る生産緑地地区指定の告示日から 30 年が経
過する日のことを申出基準日といいます（生産緑地法 10 条 5 項）。

（7）　生産緑地2022年問題

　生産緑地制度は平成 4（1992）年に施行しました。生産緑地制度の施
行から 30 年が経過する令和 4（2022）年に生産緑地の申出基準日が一斉
に到来し、買取申出が一斉になされ、生産緑地が一斉に宅地化されてし
まうことに伴って都市農地が著しく減少することが懸念されました。こ
の生産緑地制度施行から 30 年後の申出基準日一斉到来に伴う懸念は生
産緑地 2022 年問題と言われていました。

　2022 年問題に対応するために、申出基準日後にこれまでの生産緑地
同様の農地保全ができるよう平成 29 年の生産緑地法改正で特定生産緑
地制度が創設されました。2022 年が経過した現在においては顕著な都
市農地の減少は回避できたという評価ができそうです。

（8）　特定生産緑地

　市町村長は、申出基準日が近く到来することとなる生産緑地のうち、
その周辺の地域における公園、緑地その他の公共空地の整備の状況及び
土地利用の状況を勘案して、当該申出基準日以後においてもその保全を
確実に行うことが良好な都市環境の形成を図る上で特に有効であると認
められるものを、特定生産緑地として指定することができます（生産緑
地法 10 条の 2 第 1 項）。

　市町村長は、指定をしようとするときは、あらかじめ、当該生産緑地

に係る農地等利害関係人の同意を得るとともに、都市計画審議会の意見をきく必要があります（生産緑地法 10 条の 2 第 3 項）。

　そのため、生産緑地地区指定を受けた農地の所有者が特定生産緑地として指定されることを希望する場合に、権利者から特定生産緑地指定の申出を受けたうえで、市町村長が特定生産緑地指定をする流れで手続がすすめられることになります。

　特定生産緑地指定がされると、申出基準日から起算して 10 年ごとに特定生産緑地指定期限を延長するか否かを検討することになります。特定生産緑地の指定期限の延長をしない場合には、生産緑地所有者は市町村長に対し、当該生産緑地を時価で買い取るべき旨を申し出ることができるようになります。

7　農業経営基盤強化促進法

（1）　法律の概要

　農業経営基盤強化促進法は、効率的かつ安定的な農業経営を育成し、農業経営が農業生産の相当部分を担うような農業構造を確立することが重要であることに鑑み、育成すべき効率的かつ安定的な農業経営の目標を明らかにするとともに、その目標に向けて農業経営の改善を計画的に進めようとする農業者に対する農用地の利用の集積、これらの農業者の経営管理の合理化その他の農業経営基盤の強化を促進するための措置を総合的に講ずることにより、農業の健全な発展に寄与することを目的とする法律です。

　農地中間管理機構に関する事業や、農業経営改善計画の認定等について定めています。

　農業経営改善計画の認定を受けた農業者のことは認定農業者、認定を
受けた農業経営改善計画のことは認定計画とよばれています。

（2）認定農業者

　市町村は、農業経営基盤強化促進に関する基本構想を定めることがで
き、基本構想につき都道府県知事と協議し同意を得なければなりません。
都道府県知事の同意を得た市町村のことを同意市町村といいます。

　同意市町村区域内において農業経営者又はこれから農業を営もうとす
る者（新規就農者）は、農林水産省令で定めるところにより農業経営改
善計画を作成し、これを同意市町村に提出して、当該農業経営改善計画
が適当である旨の認定を受けることができます。

　農業経営改善計画書には、以下のような事項を記載します（基盤強化
法 12 条 2 項～4 項）。

▶農業経営の現状

▶経営規模の拡大に関する目標（作付面積、飼養頭数、作業受託面積）

▶生産方式の合理化の目標（機械・施設の導入、ほ場の連担化、新技術
　の導入など）

▶経営管理の合理化の目標（複式簿記での記帳など）

▶農業従事の様態等に関する改善の目標（休日制の導入など）

▶目標を達成するためにとるべき措置

　同意市町村は、農業経営改善計画書の内容が市町村基本構想に照らし
て適切なものか、農用地の効率的かつ総合的な利用を図るために適切な
ものであるか、計画の達成可能性が高いかといった点について検討した
うえで計画を認定します。なお、令和 4 年 3 月末日現在の認定農業者数
は、22 万 2442（うち法人数 2 万 7974）で令和 3 年 3 月末日との比較
では全体で 5002 の減少（ただし法人数では 860 の増加）となってい

ます。平成 28 年以降、全体としての認定農業者は減少し、法人としての認定農業者が増加するという傾向が続いています。

　認定農業者に対しては、多くの支援策が用意されています。例えば主な支援措置としては以下があります。

▶経営所得安定対策：いわゆるゲタ対策としての経営安定交付金、いわゆるナラシ対策としての収入減少影響緩和交付金

▶農業資金の融資：農業経営基盤強化資金（スーパーＬ資金）、農業近代化資金等

▶税制：農業経営基盤強化準備金制度

▶農業者年金の保険料支援

（3）　農業経営基盤強化促進事業

　農業経営基盤強化促進事業は、次に掲げる事業です（基盤強化法４条３項）。

▶農地中間管理事業及び農地中間管理機構の実施による農用地についての利用権設定等促進事業

▶農用地利用改善事業の実施を促進する事業

▶委託農作業促進事業

▶その他農業経営基盤の強化を促進するために必要な事業

　農地中間管理機構は、農地中間管理事業の推進に関する法律に基づいて農地中間管理事業を実施します。例えば、農地の借受けを希望する人と農地を貸したい人のマッチングを行ったり、細分化された農地の集積を行いまとまりのある形で農地を貸付けたりする事業を行っています。このため、農地中間管理機構は、農地バンクと呼ばれています。

　上記の農用地利用改善事業は、農用地に関し権利を有する者の組織する団体が農用地の利用に関する規程で定めるところに従い、農用地の効

率的かつ総合的な利用を図るための作付地の集団化、農作業の効率化その他の措置及び農用地の利用関係の改善に関する措置を推進する事業です。

8　都市農業振興基本法

（1）　法律の概要

　都市農業振興基本法は、都市農業の振興に関し、基本理念及びその実現を図るのに基本となる事項を定め、並びに国及び地方公共団体の責務等を明らかにすることにより、都市農業の振興に関する施策を総合的かつ計画的に推進し、もって都市農業の安定的な継続を図るとともに、都市農業の有する機能の適切かつ十分な発揮を通じて良好な都市環境の形成に資することを目的とする法律です。

　都市農業振興の基本理念、国・地方公共団体の責務や都市農業者や都市農業関連団体の努力等について規定しています。

（2）　都市農地に対する都市政策転換

　都市圏では、人口の増加に伴って住宅需要も高く、地価が高騰する状況が続きました。地価の高騰は住宅需要に対して住宅供給が少ないことが一因とも考えられ、都市圏にある農地は宅地化すべきであるとされ、政策的にも市街化区域内農地は宅地化すべきものと位置づけられてきました。農地の売買・貸借・転用等に際しては原則として農業委員会の許可が必要ですが、市街化区域内農地では許可が不要で届出のみで足りることもこのような政策的位置づけのあらわれです。

　近年、人口減少に伴う住宅需要の鎮静化に伴って農地転用の必要性が低下したことや、都市住民のライフスタイルの変化や農業への関心の高まり、東日本大震災を契機とした防災意識の向上による避難場所としての都市農地の役割への期待等を背景に都市農地・都市農業の価値が見直され、都市農地・都市農業の価値が再認識されました。

　このような背景から「宅地化すべきもの」と位置づけされていた市街化区域内農地を「都市にあるべきもの」と位置づけを転換し、平成27年に都市農業振興基本法が制定されました。

　都市農業振興基本法は、この法律自体を根拠として行政事務が行われたり、執行されたりするものではありませんが、都市農地の政策的位置づけを転換する契機となったもので農業関係者の中には法制定に尽力した方も多くいますので、内容を把握しておくことは重要です。

（3）　都市農業の多様な機能

　都市農業には多用な機能があるといわれており、都市農業振興基本法第3条にもその基本理念が規定されています。都市農業の機能は以下のように整理することができます（都市農業基本法3条）。

▶新鮮な農産物の供給：消費者が求める地元産の新鮮な農産物を供給する役割
▶災害時の防災空間：火災時における延焼の防止や地震時における避難場所、仮設住宅建設用地等のための防災空間としての役割
▶良好な景観の形成：緑地空間や水辺空間を提供し、都市住民の生活に「やすらぎ」や「潤い」をもたらす役割
▶国土・環境の保全：都市の緑として、雨水の保水、地下水の涵養、生物の保護等に資する役割
▶農業体験・学習、交流の場：都市住民や学童の農業体験・学習の場及

び生産者と都市住民の交流の場を提供する役割

▷都市住民の農業への理解の醸成：身近に存在する都市農業を通じて都
　市住民の農業への理解を醸成する役割

（4）　国等が講ずべき基本的施策

　都市農業振興基本法は、都市農業振興基本計画において、基本理念、国・
地方公共団体の責務等を明確にし、都市農業の振興に関する施策を総合
的かつ計画的に推進していくことを目指しています。国等が講ずべきに
は以下のようなものがあります（都市農業基本法4条、5条）。

▷農産物供給機能の向上、担い手の育成・確保

▷防災、良好な景観の形成、国土・環境保全等の機能の発揮

▷的確な土地利用計画策定等のための施策

▷都市農業のための利用が継続される土地に関する税制上の措置

▷農産物の地元における消費の促進

▷農作業を体験することができる環境の整備

▷学校教育における農作業の体験の機会の充実

▷国民の理解と関心の増進

▷都市住民による農業に関する知識・技術の習得の促進

▷調査研究の推進

9　都市農地の貸借の円滑化に関する法律

（1）　法律の概要

　都市農地の貸借の円滑化に関する法律は、都市農地の貸借の円滑化の
ための措置を講ずることにより、都市農地の有効な活用を図り、もって

都市農業の健全な発展に寄与するとともに、都市農業の有する機能の発揮を通じて都市住民の生活の向上に資することを目的とする法律です。

　農業従事者の減少や高齢化が進む中で都市農地の所有者自らによる有効活用が困難な状況が課題となっていました。しかしながら、地価の高い都市圏にある都市農地は農地を新たに購入して農業従事者となることはハードルが高いといえます。このため、都市農業を担いたい意欲ある都市農業者が都市農地を借りて農業経営をできるように立法されたのが都市農地の貸借の円滑化に関する法律です。都市農地の貸借の円滑化に関する法律が施行されたことにより、生産緑地について相続税納税猶予制度の適用を継続したまま生産緑地を貸借することが可能となりました。

（2）　農地の貸借が進展しなかった農地法上の背景

　期間の定めのある農地の賃貸借契約は、期間満了の1年前から6か月前までの間に、相手方に対して更新をしない旨の通知をしないときは、従前の賃貸借と同一の条件で更に賃貸借をしたものとみなすというみなし法定更新制となっています（農地法17条1項本文）。

　そして、賃貸借の更新をしない旨の通知は、原則として政令で定めるところにより都道府県知事の許可を受けなければならない許可制となっています（農地法18条1項本文）。農地法第18条の許可は以下の場合でなければできないことになっており（農地法18条2項）、農地は一度他人に貸したら返ってこないといわれることもあり農地の貸借が進展しない要因となっていました。

▶賃借人が信義に反した行為をした場合
▶その農地又は採草放牧地を農地又は採草放牧地以外のものにすることを相当とする場合

▷賃借人の生計（法人にあっては、経営）、賃貸人の経営能力等を考慮し、賃貸人がその農地又は採草放牧地を耕作又は養畜の事業に供することを相当とする場合

▷その農地について賃借人が第36条第1項の規定による勧告を受けた場合

▷賃借人である農地所有適格法人が農地所有適格法人でなくなった場合並びに賃借人である農地所有適格法人の構成員となっている賃貸人がその法人の構成員でなくなり、その賃貸人又はその世帯員等がその許可を受けた後において耕作又は養畜の事業に供すべき農地及び採草放牧地の全てを効率的に利用して耕作又は養畜の事業を行うことができると認められ、かつ、その事業に必要な農作業に常時従事すると認められる場合

▷その他正当の事由がある場合

（3）　都市農地の貸借の円滑化に関する法律による特例

　都市農地を自らの耕作の事業の用に供するため当該都市農地の所有者から当該都市農地について賃借権又は使用貸借による権利の設定を受けようとする者は、当該都市農地における耕作の事業計画を作成し、これを当該都市農地の所在地を管轄する市町村長に対し事業計画を認定するよう申請します。

　市町村長の認定した事業計画を認定事業計画といいます。

　認定事業計画に従って認定都市農地について設定された賃借権に係る賃貸借については、農地法第17条本文の規定は適用されません（都市農地貸借法8条2項）。そのため、都市農地について期間の定めのある賃貸借契約を締結したとしても賃貸借契約は法定更新されることなく、終了することが期待できます。都市農地を一度貸してしまうと返ってこ

ないという所有者の懸念が払しょくされることで都市農地の貸借が円滑化することが期待されています。

　また、租税特別措置法では、農地相続税納税猶予制度の特例規定が新設され、都市農地を貸付けた場合でも、納税猶予期限が確定せず、納税猶予を引き続き受けることができる税法上の手当もされました（措法70の6の4）。相続税納税猶予に対する懸念も解消されたことで都市農地の貸借が進展することが期待されています。

10　特定農地貸付けに関する農地法等の特例に関する法律

（1）　法律の概要

　特定農地貸付けに関する農地法等の特例に関する法律は、特定農地貸付けに関し、農地法等の特例を定める法律です。

　特定農地貸付けというのは、以下の要件に該当する使用収益権の設定であり、小口の区画を利用者に貸付ける市民農園利用で想定される方法の貸付けです。

▶ 10a 未満の農地の貸付けで、相当数の者を対象として定型的な条件で行われるものであること。

▶営利を目的としない農作物の栽培の用に供するための農地の貸付けであること。

▶5年を超えない農地の貸付けであること。

▶農業協同組合が行う農地の貸付けにあっては、組合員が所有する農地に係るものであること。

▶地方公共団体及び農業協同組合以外の者が行う農地の貸付けにあっては、次のいずれかに該当する農地に係るものであること。

・貸付協定を締結した者が所有する農地

・開設者となる第三者が貸付協定を締結した地方公共団体又は農地中間管理機構から特定農地貸付けの用に供すべきものとしてされる対象農地貸付けを受けている農地

（2）　特定農地貸付けに関する農地法等の特例に関する法律に基づく市民農園の開設形態

　特定農地貸付けに関する農地法等の特例に関する法律に基づき市民農園を開設する場合、開設主体としては、農地所有者自ら開設する場合と、地方公共団等が開設する場合、農地所有者・地方公共団体等以外の第三者が開設する場合があります。

　農地所有者や第三者が開設主体となる場合、まずは農地所在地を管轄する市町村と貸付協定を締結します。そのうえで、特定農地貸付けに関する農地法等の特例に関する法律に基づき市民農園を開設しようとする者は、貸付協定・貸付規程を添付して市民農園の開設を承認するよう農業委員会へ申請します。

　貸付規程には以下の事項を記載します（特定農地貸付法３条２項）。

▶特定農地貸付けの用に供する農地の所在、地番及び面積

▶特定農地貸付けを受ける者の募集及び選考の方法

▶特定農地貸付けに係る農地の貸付けの期間その他の条件

▶特定農地貸付けに係る農地の適切な利用を確保するための方法

▶その他農林水産省令で定める事項

　農業委員会は、以下の要件に該当する場合に承認します。

▶周辺地域における農用地の農業上の効率的かつ総合的な利用を確保する見地からみて、当該農地が適切な位置にあり、かつ、妥当な規模を超えないものであること。

▶特定農地貸付けを受ける者の募集及び選考の方法が公平かつ適正なものであること。

▶前項第3号から第5号までに掲げる事項が特定農地貸付けの適正かつ円滑な実施を確保するために有効かつ適切なものであること。

▶その他政令で定める基準に適合するものであること。

（3）　農地法の特例

　市民農園の利用者との間で具体的に貸付けの契約を締結し使用収益権を設定する場合には原則として農地法第3条の許可が必要になります。しかしながら、特定農地貸付けに関する農地法等の特例に関する法律に基づく市民農園は相当数の者を対象として定型的な条件で行われるものであって、利用者との契約の締結・終了の都度農業委員会の許可を求めるのは事務処理が煩雑にすぎることになります。

　特定農地貸付けを行おうとする者は、貸付規程を作成し、貸付規程を添付して農業委員会に申請し、その開設・運営の方針について承認を求めます（特定農地貸付法3条1項）。農業委員会は、以下の要件を充足しているか検討し承認をします。

▶農地周辺の地域における農用地の農業上の効率的かつ総合的な利用を確保する見地からみて、当該農地が適切な位置にあり、かつ、妥当な規模を超えないものであること。

▶特定農地貸付けを受ける者の募集及び選考の方法が公平かつ適正なものであること。

▶貸付規程が特定農地貸付けの適正かつ円滑な実施を確保するために有効かつ適切なものであること。

▶その他政令で定める基準に適合するものであること。

　農業委員会の承認を予めうけたうえで行う特定農地貸付けについては

農地法第3条第1項本文の規定は適用されない取扱いとなっています（特定農地貸付法4条1項）。

　また、特定農地貸付けの用に供されている農地等については、利用関係の調整等に関する農地法第16条《農地又は採草放牧地の賃貸借の対抗力》、第17条《農地又は採草放牧地の賃貸者の更新》本文、第18条《農地又は採草放牧地の賃貸借の解約等の制限》第1項本文、第7項及び第8項並びに第21条《契約の文書化》の規定は、適用しないこととされています（特定農地貸付法4条2項）。

（4）　納税猶予制度との関係

　納税猶予制度については、相続税納税猶予制度に関する第6章、贈与税納税猶予制度に関する第9章で解説しています。

　また、市民農園関係についての相続税納税猶予制度との関係における税務上の留意事項は第14章で解説しています。

11　市民農園整備促進法

（1）　法律の概要

　市民農園整備促進法は、市民農園の整備を適正かつ円滑に推進するための措置を講ずることにより、健康的でゆとりある国民生活の確保を図るとともに、良好な都市環境の形成と農村地域の振興に資することを目的とした法律です。

　都道府県知事が市民農園の基本方針を定めること、市町村が基本方針に基づき当該市町村の区域内の一定の区域で市民農園として利用することが適当と認められる地域を市民農園区域として指定します。基本方針

に基づく市民農園の開設を促進するため、農地法等の特例を規定しています。

（2）　市民農園の開設

　市民農園は、市民農園の用に供される農地と市民農園施設の総体と定義されています（市民農園整備促進法2条2項）。市民農園の用に供される農地は、特定農地貸付け又は特定都市農地貸付けの用に供される農地だけでなく、賃借権その他の使用収益権の設定等を伴わないで相当数の者を対象として定型的条件でレクリエーションその他の営利目的外で継続的に農作業の用に供される農地も含んでいます。後者は、いわゆる農園利用方式と呼ばれる市民農園の開設形態を想定したものです。農園利用方式による市民農園の開設については第14章で解説しています。

　市民農園開設を希望する者は、市民農園の用に供する土地の所在、市民農園の整備に関する事項、市民農園の運営に関する事項等を記載した整備運営計画を作成し、市町村の認定を受けることになります。認定を受けると市民農園の認定開設者となります（市民農園整備促進法7条）。

（3）　市民農園整備運営計画認定の効果

　認定開設者は、認定を受けた市民農園に係る特定農地貸付け又は特定都市農地貸付けについて各法の承認を受けたものとみなされます（市民農園整備促進法11条1項）。

　市民農園施設は、農地に附帯して設置される農機具収納施設、休憩施設その他の農地の保全又は利用上必要な施設をいいます。市民農園施設は農地そのものではありませんが、市民農園の構成要素です。認定開設者が認定計画に従って農地を転用して市民農園施設を建設する場合には、農地法第4条の許可があったものとみなされます（市民農園整備促

進法 11 条 2 項）。

　また、認定開設者が市民農園施設を建設するために農地の所有権又は使用収益権を取得する場合には、農地法第 5 条の許可があったものとみなされます（市民農園整備促進法 11 条 3 項）。

（4）　納税猶予制度との関係

　納税猶予制度については、相続税納税猶予制度に関する第 6 章、贈与税納税猶予制度に関する第 9 章で解説しています。

　また、市民農園関係についての相続税納税猶予制度との関係における税務上の留意事項は第 14 章で解説しています。

2. 許可制と届出制の違い

　許可制は、公益上の理由から法令で一般的に禁止している行為について、許可があった場合に禁止を解除する制度です。

　これに対し、届出制は、法令で定められた対象行為について、法定事項を行政庁へ通知することを求める制度です。

　許可制の対象行為が原則的に禁止されているのに対し、届出制の対象となっている行為は禁止されているわけではなく、届出が義務化されているにすぎない点が異なります。

　農地法第4条を例にすれば市街化区域以外の農地であれば農地転用には原則として農業委員会の許可が必要になっており、農地転用が禁止されていることがわかります。これに対し、転用に際し届出のみで足りる市街化区域農地については農地転用が禁止されていないということです。

　許可制においては、行政庁が許可・不許可の判断を恣意的に行わないよう許可基準を定めることになっています。許可に際しては許可基準に合致しているかを検討し、行政庁が許可・不許可の処分をすることになります。これに対し、届出においては届出人が行政庁へ届出すれば手続としては完結し行政庁が判断をすることはないという違いがあります。届出受理通知書といった書類が交付されることはありますが、これは届出がされたという事実を証する書類にすぎず行政庁の判断を書面化したものではありません。

第 3 章

農業に関する会計

1　農業簿記と一般簿記との違い

　農業簿記検定といった検定もあり、農業簿記や農業会計などの言葉を
みたことがある方もいるかもしれません。税理士レベルの簿記・会計の
知識があれば、農業分野の簿記や会計だからといってできないというこ
とはなく、農業簿記検定 1 級合格に必要な知識水準は有しているはずで
す。そのため、税理士相当の簿記知識を有していれば農業簿記だからと
いっておそれる必要はないと考えます。

　本書は簿記や会計の解説書ではないため、一般的な簿記についての記
述は割愛し、農業ビジネスの特性から特色のある部分についてのみ紹介
します。なお、担当する農業ビジネスで具体的な会計処理等について調
べる際には、一般社団法人全国農業経営コンサルタント協会及び公益社
団法人日本農業法人協会が公表する「農業の会計に関する指針」が参考
になります。

2　消費税軽減税率に関連した区分経理

　農業者の場合、農産物の販売に係る収益は軽減税率を適用して 8 ％、
受託作業収入等の収入や仕入れ等においては標準税率を適用して 10%
と消費税の適用税率が異なることが通常です。

　消費税の仕組みや適用税率については農業者自身や会計担当者にも理
解してもらい、区分経理を前提に会計処理を仕組化しておくことが重要
です。

　農産物の販売であっても販売目的が「人の飲用又は食用に供されるも

の」以外の場合（例えば、栽培用に販売される植物・種子や家畜の飼料やペットフード）、消費税法上の食品には該当しないことから軽減税率ではなく標準税率を適用することになります。したがって、販売の際には、取引相手の購入目的についても疎明できるようにしておくことが重要です。

3 棚卸資産の取扱い

個人農家の場合と法人の場合で取扱いが異なるので注意が必要です。

（1） 個人農家の場合

毎年12月31日現在に未販売の農産物については棚卸高を記帳します。

所得税法には、農産物は、その収穫した時における当該農産物の価額（収穫価額）をもって取得したものとみなす規定があります（所法41条2項）。農産物の収穫価額は、当該農産物の収穫時における生産者販売価額とされています（所基通41－1）。

（2） 法人の場合

所得税法のような農産物に関するみなし規定がありません。そのため、農業特有の処理をするというよりも一般的な法人としての棚卸資産経理や税務処理を行います。

農産物の取得価額は、製造原価計算を行って計算します。決算日現在に未販売の農産物については期末製品棚卸高として処理し、製品勘定で計上します。

　なお、収穫に至っていない育成中のものは育成仮勘定ではなく仕掛品として処理します。育成仮勘定は、販売目的の農産物の製造とは異なり、固定資産の取得価額を仮集計する目的の勘定であるためです。

4　ビニールハウスの取扱い

（1）　計上の単位

　ビニールハウスを新設する際に、コストを抑えるために構成部品を自分で調達し、自分で組み立てることがあります。例えば、骨格部分を購入してまず組み立ててから、ビニール部分を購入して組み立てを行うといったような場合です。

　このようなケースでは、骨格部分とビニール部分を別個に会計処理するのか迷う農業者がいます。農業者自身が記帳できるように指導する場合には、一体として機能する固定資産については新設・取得に際して要した支出の合計額を取得価額として固定資産計上することを指導することが重要です。

（2）　構築物か器具・備品の判定基準

　ビニールハウスは、構築物として計上する場合と器具・備品として計上する場合があります。

　構築物は、建物や建物付属設備以外の土地の定着物です。土地の定着物とは、土地の上に継続的に定着している物のことであり、骨組みを土地に埋設して組み立てたビニールハウスは基本的に構築物に該当します。構築物に該当しないビニールハウスは、器具・備品として計上することになります。

　基本的には構築物に該当するケースがほとんどですが構築物として処理すべきビニールハウスを器具・備品として処理して減価償却費を計上すると過少申告をしてしまうリスクがあるので勘定科目に留意が必要です。

（3）　耐用年数

　耐用年数は、ビニールハウスの骨格部分が金属造のものか、金属造以外のものかによって異なります。

　構築物であれば、農林業用のものとして、骨格部分が金属造のものであれば「主として金属造のもの」の耐用年数14年を、金属造以外のものであれば「その他のもの」の耐用年数8年を適用します。

　器具・備品であれば、骨格部分が金属製のものであれば「主として金属製のもの」の耐用年数10年をその他のものであれば「その他のもの」の耐用年数5年を適用します。

5　トラクター・耕運機の取扱い

　トラクター・耕運機については、機械及び装置の耐用年数表に、農業用設備としてトラクターが掲記されていることから機械及び装置として計上し、農業用設備として耐用年数7年で償却します。

　車両運搬具として処理した場合、耐用年数が6年以下となることが多く、減価償却費を過大に計上してしまうおそれがあるので留意します。

6　生物及び生物の育成

　牛、豚等の家畜や、果樹等の永年作物は、取得価格を耐用年数にわたって費用化するため生物として有形固定資産に計上します。耐用年数は国税庁の耐用年数表を参考にします。

　生物の育成が単年で終わらず複数年にまたがる場合には、育成が完了するまでに要した費用を育成仮勘定等に集計して管理します。育成が完了した場合には、育成仮勘定を育成勘定に振替えます。建設中の有形固定資産に係る建設仮勘定の処理をイメージしていただくとわかりやすいかと思います。

7　共同的施設の設置・改良のために支出する費用

　複数の地域関係農業者で井戸の掘削を行って灌漑用水を確保するといったように、自己が便益を受ける共同的施設の設置・改良のために支出を負担することがあります。

　この場合の負担金は繰延資産として会計処理をします。

　費用の負担者又は構成員の用に供される共同的施設の場合、当該施設の耐用年数の70％に相当する年数を基礎に計算します（１年未満の端数は切り捨て）。計算された償却期間が10年を超える場合には、港湾しゅんせつ負担金等の償却期間の特例を準用して償却期間を10年とする取扱いがされています（所基通50－3、50－4）。

8　農協を通じて出荷する委託販売

　農業者は、収穫した農産物を農協に販売を委託することがあります。農協を通じての委託販売は地域や農産物により様々な形態がありますが、農産物によっては、その代金は出荷時に販売見込価額の一部について概算払いを受け、販売が終了した後に精算が行われることがあります。

　会計年度末に近い時期に農協へ出荷したような場合、精算までに時間を要し申告期限までに金額が確定しないことがあります。

　委託販売の場合、その資産の譲渡等の時期は、原則として受託者がその受託品を譲渡した日であり、売上計算書が発行されているような場合は継続適用により売上計算書の到着日とすることが認められています（消基通9－1－3）。そのため、金額の確定する計算書の到着日を売上計上時点として継続的に会計処理することも考えられます。

　しかしながら、農協を通じての委託販売で出荷時に販売見込価額の一部について概算払いを受けるようなケースでは、取引の特殊性に鑑み、継続適用を条件に、概算金、精算金をそれぞれ受け取った日に課税売上を計上することとして差し支えないものとされています（国税庁　質疑応答事例「農協を通じて出荷する農産物の譲渡の時期」）。

9　収入保険

　農業ビジネスは気象条件によって業績が大きく左右されることから農業経営収入保険制度に加入する事業者も少なくありません。

　保険金については、支払いを受けることが確定した日の属する事業年

度に計上するのが原則です。農業経営収入保険については、保険料納入告知額・領収済額通知書の支払・保険期間の翌年度に金額が確定し支払われる保険です。収入保険の収入金額の減少額を補填するという保険の趣旨から、農林水産省と国税庁の協議により、収入保険の保険金等は保険期間の事業年度に計上することが認められています(国税庁　情報「農業経営収入保険に係る税務上の取扱いについて」(農林水産省経営局保険課長・29 経営第 3611 号・平成 30 年 4 月 2 日))。すなわち、農業経営収入保険については、減収となり収入保険の保険金等の受領見込みが生じた期間に見積額で収入や益金に計上します。

3. 農地転用と土地家屋調査士

　農地を転用し、農地を宅地化した場合、登記地目を変更する登記手続が必要になります。この地目変更登記手続について司法書士が受任して手続をすると考えている方が見受けられます。

　地目変更登記手続は、不動産登記の表示に関する登記を変更する手続です。表示に関する登記の専門家は司法書士ではなく土地家屋調査士になります。農地転用をしたクライアントに司法書士を紹介するような申出をしてしまった場合、紹介を受けた司法書士から司法書士の職域ではないという回答がされることになり、信用を毀損するおそれもあります。

　農地転用をした際に地目変更登記手続のために専門職を紹介してほしいといった要望を受けたような場合には司法書士ではなく土地家屋調査士を紹介するようにしましょう。紹介できる土地家屋調査士がいない場合には、地域の土地家屋調査士会に相談することをすすめることが考えられます。

第 **4** 章

農業ビジネスにおける税務

1　所得税

（1）　農業所得とは

　農業所得は、米、麦、たばこ、果実、野菜若しくは花の生産若しくは栽培又は養蚕に係る事業その他これに類するものとして政令で定める事業から生ずる所得のことをいいます（所法2条1項35号）。そして、政令では、①米、麦その他の穀物、馬鈴しょ、甘しょ、たばこ、野菜、花、種苗その他のほ場作物、果樹、樹園の生産物又は温室その他特殊施設を用いてする園芸作物の栽培を行なう事業、②繭又は蚕種の生産を行なう事業、③主として前2号に規定する物の栽培又は生産をする者が兼営するわら工品その他これに類する物の生産、家畜、家きん、毛皮獣若しくは蜂の育成、肥育、採卵若しくはみつの採取又は酪農品の生産を行なう事業を農業の範囲として規定しています（所令12条）。

（2）　農業所得と事業所得は何が違う？

　所得税申告書では、事業所得として、「営業等」と「農業」が区分されています。

　農業所得は、所得税法で定義されているとはいえ、あくまで事業から生ずる所得であり、事業所得の一種です。そのため、農業所得に該当する所得を「営業等」として申告したとしても所得に差異は生じることは通常ありません。

　農業所得用の書式が用意されているのは、①家事消費に関する金額を明確にし収入等の申告から脱漏することを防止すること、②特別農業所得者の予定納税額の特例の対象となるかの判定をするためです。

（3）　農産物を家事消費した場合の取り扱い

農産物を家事消費した場合、消費したときにおける時価相当額を収入として申告する必要があります（所法39条）。

ほとんどの農業者は、家事のために農産物を家事消費しているのが実情です。そのため、第三者に農産物を売り現実に収入を得た金額だけを総収入金額として申告すると、家事消費分だけ過少申告になってしまいますので留意が必要です。

農業所得用の書式では、営業等用の書式（一般用書式）にはない「家事消費」の欄が収入金額欄に設けられている点が特徴です。書式上も家事消費欄が設けられていることで家事消費に係る収入を申告から脱漏することを予防することが期待できます。

なお、家事消費した場合の収入は消費税法上の課税売上とみなされて課税対象となります。一方、農産物を種苗用として事業消費した場合には家事消費とは異なり、課税売上にも課税仕入れにも該当しない取扱いとなります。

（4）　農産物を知り合いへお裾分けする際の税務上の留意事項

収穫した農産物を親戚や知り合いへ配る例は多くあります。棚卸資産を贈与した場合、贈与時における棚卸資産の価額を総収入金額に算入することになります（所法40条）。

親戚や知り合いへ無償で配る際にお金をもらうことは少ないと思いますが、所得税法上、棚卸資産の贈与等の場合の総収入金額算入規定がある点に留意が必要です。

（5）　農産物を著しく低い価額で譲渡する際の税務上の留意事項

　収穫した農産物は、生鮮品であり鮮度が落ちると廃棄せざるをえないという事情から安い価格で販売することもあります。また、農協や市場を通じての販売では流通規格に適合したものしか出荷できず、規格に適合しない農産物は販売する機会が乏しく低い価額で販売する例も少なくありません。

　所得税法では、著しく低い価額の対価による譲渡の場合、当該対価の額と当該譲渡の時におけるその棚卸資産の価額との差額のうち実質的に贈与をしたと認められる金額を総収入金額に算入しなければならないという規定があります（所法40条）。農業ビジネスの特性上やむを得ない事情により低い価額で販売するといったように正当な理由があれば問題ありませんが、所得税法上、棚卸資産を著しく低い価額で譲渡する場合の総収入金額算入規定がある点に留意が必要です。そのため、価格の背景になっている事情を摘要に記載する等、事後的に価格の背景を疎明できるようにしておくことが重要です。

（6）　特別農業所得者の予定納税額

　その年において農業所得の金額が総所得金額の70％に相当する金額を超え、かつ、その年9月1日以後に生ずる農業所得の金額がその年中の農業所得の金額の70％を超える者を特別農業所得者といいます（所法2条1項35号）。

　予定納税制度では、予定納税基準額が15万円以上である場合、第1期（7月）及び第2期（11月）にそれぞれ予定納税基準額の1/3に相当する金額の所得税を予定納税しなければならないのが原則です。

　稲作農家等のように秋の収穫以降に収入が偏る農業者の場合、一般納税者と同様の予定納税を求めると収入よりも先に納税を求めることになってしまいます。秋の収穫期に収入が偏る農業者がいることを考慮して、特別農業所得者について予定納税の特例が認められています（所法107条）。

　この特例により、前年に特別農業所得者であった者について、予定納税基準額が15万円以上である場合には、第1期（7月）の予定納税は不要となり、第2期（11月）に予定納税基準額の1/2に相当する金額の所得税を予定納税すればよいことになっています。

（7）　農業経営基盤強化準備金

　青色申告書を提出する認定農業者等が、令和7年3月31日までの期間内の日の属する各年、農業の担い手に対する経営安定のための交付金等の交付を受けた場合において、農業経営基盤強化促進法に規定する認定計画等の定めるところに従って行う農業経営基盤強化に要する費用の支出に備えるため、農業経営基盤強化準備金として積み立てたときは、その積み立てた金額は、その積立てをした年分の事業所得の金額の計算上、必要経費に算入することができます（措法24条の2）。

　なお、必要経費に算入できる農業経営基盤強化準備金積立額は、以下のうちいずれか少ない金額が限度額となっています。

▶当該交付金等の額のうち農業経営基盤強化に要する費用の支出に備えるものとして政令で定める金額

▶その積立てをした年分の事業所得の金額として政令で定めるところにより計算した金額

　農業経営基盤強化準備金積立額は、その積み立てをした年の翌年1月1日から5年を経過したものがある場合には、その五年を経過した農業

経営基盤強化準備金の金額は、その 5 年を経過した日の属する年分の事業所得の金額の計算上、総収入金額に算入することになります。

　農業経営基盤強化準備金は、積立額を必要経費に算入し、翌年から 5 年間経過した後の 6 年目で取崩額を総収入金額に算入することで 5 年間課税を繰り延べる効果があります。

（8）　農業経営基盤強化準備金取崩額の圧縮記帳

　農業経営基盤強化準備金を積み立てた個人事業主が、各年において、認定計画等の定めるところにより、農用地の取得をし、又は特定農業用機械等（農業用の機械及び装置、器具及び備品、建物及びその附属設備、構築物並びにソフトウエアでその製作若しくは建設の後事業の用に供されたことのないもの）の取得をし、若しくは特定農業用機械等の製作若しくは建設をして、当該農用地又は特定農業用機械等を当該個人の事業の用に供した場合には、農業経営基盤強化準備金を取り崩して当該農用地等の取得に充てた額につき、圧縮記帳をすることができます（措法 24 条の 3）。

　なお、圧縮記帳で減額した価額に対し、租税特別措置法第 19 条第 1 項各号の規定する特別償却を重畳適用することはできないことに留意が必要です（措法 24 条の 3 第 4 項）。

（9）　肉用牛売却所得の課税の特例措置

　租税特別措置法第 25 条に肉用牛売却所得の課税特別措置が規定されています。これは肉牛免税ともいわれる制度です。

　農業者が家畜市場や食肉卸売市場等で肉用牛を売却したとき、売却証明書が発行され、その証明書を税務申告時に提出することにより、1 頭あたり 100 万円（交雑種 80 万円、乳用種 50 万円）未満であれば、年

間の売却頭数が 1,500 頭まで、当該肉用牛売却により生じた事業所得
に対する所得税が免除される制度です。

（10） 農地を時効取得する場合の税務上の留意点

　農地については、公図と実地の利用状況に乖離が生じていることもあ
る等権利関係が複雑な場合が少なくありません。権利関係の調整のため
に権利者で話し合いをしようとしても登記名義人が死亡しており、相続
人が相当数にわたり連絡がつかないものがいるということも少なくあり
ません。

　このような場合に、長年農業を継続していたことを理由として農地を
時効取得するという話が出ることがあります（民法 162 条）。

　土地等の財産を時効の援用により取得した場合には、その時効により
取得された土地等の財産の価額から土地等の財産を時効取得するために
直接要した金額を控除した金額が経済的利益となり、時効取得した日の
属する年分の一時所得として、所得税の課税対象となります（所基通
36-15(1)）。

　農地については公図と実際の利用状況が相違した際の調整や、複雑な
権利関係の解消等に際し、時効取得を利用できないかと考える方は少な
くない印象です。農地を時効取得するという話がでるような場合には、
時効取得した後に想定外の納税負担が生じるということがないように、
一時所得となるという課税上の取扱いを説明するように留意が必要で
す。

　なお、「農地法 3 条による（都道府県知事等の）許可の対象となるのは、
農地等につき新たに所有権を移転し、又は使用収益を目的とする権利を
設定若しくは移転する行為にかぎられ、時効による所有権の取得は、い
わゆる原始取得であって、新たに所有権を移転する行為ではないから、

右許可を受けなければならない行為にあたらない」という判例があります（昭和 50 年 9 月 25 日最高一小判・最高裁判所民事判例集 29 巻 8 号 1320 頁）。時効取得をする場合に農地法第 3 条の許可は不要となります。

2　譲渡所得税

（1）　農地に係る譲渡所得税のポイント

　農地を売った場合、売却金額から取得費、譲渡費用、特別控除を差し引いた金額が譲渡所得となります（所法 33 条 3 項）。

　譲渡所得に対する税金は、総合課税ではなく、事業所得等の所得と分離して計算する分離課税によります（分離課税）。譲渡所得がある場合には、確定申告書 B、分離課税用である第三表及び計算明細書等を併せて作成して他の所得と一緒に確定申告します。

　農地に係る譲渡所得税において一般譲渡所得税と異なるポイントは、①譲渡所得税の申告年度、②農地に関する特別控除額です。

（2）　農地の譲渡に係る譲渡所得税の申告年度

　年末に農地を譲渡し農地の引き渡しをした場合、売買契約締結日と農地法第 3 条の許可があった日の属する年がずれることがあります（例えば、12 月に売買契約を締結したが農地法第 3 条の許可が 1 月にあった場合等です）。この場合、売買契約を締結した日の属する年の譲渡所得として申告をするのか、農地法第 3 条の許可があった日の属する年の譲渡所得として申告をするのか問題になります。

　譲渡所得は、原則として、譲渡した資産の引き渡しがあった日の属する年の所得として申告します。もっとも、農地については、例外的に、

売買契約などの効力発生日の属する年の所得として申告することもできます。

　農地を譲渡する際には、農地法第3条の許可が必要であり、農地法第3条の許可は譲渡の効力発生要件となっています。いずれの年の譲渡所得として申告することもできると考えられますが、譲渡所得を計上し所得が増加することで医療費負担等に想定外の負担が生じることも考えられますので、申告年度の判断については予め納税者に説明をしておくことが重要です。個別事情に応じて判断が必要な論点ではありますが、申告する年を客観的に基礎づけることのできる効力発生日に申告する方が実務的に対応しやすい例が多いように筆者は感じています。

（3）　農地を譲渡した場合の取得費

　譲渡所得の金額は、農地を譲渡した金額から取得費と譲渡費用を差し引いて計算します。

　取得費には、購入代金、購入手数料、登録免許税、不動産取得税等が含まれます。もっとも、農地は先祖から承継してきたものや農地改革の際に低廉な金額で買い入れたが金額がわからないというケースがほとんどです。

　取得費が分からない場合には、売った金額の5％相当額を取得費とすることができます（措法31条の4）。なお、実際の取得費が売った金額の5％相当額を下回る場合も、売った金額の5％相当額を取得費とすることができます。

　相続又は遺贈によって取得した農地について相続税を負担した者が、相続税申告期限の翌日以後3年を経過する日までの間に当該相続税額計算の基礎に算入された農地を譲渡した場合、譲渡所得の計算に際し、譲

渡所得計算のうえで控除する取得費は、当該相続税額のうち当該譲渡をした農地に対応する金額を加算した金額とすることができます（措法39条）。

（4）　農地を固定資産税評価額で譲渡した場合の税務上の留意点

　農地を親戚に売り渡したという相談をうけるようなケースで、売却に伴う譲渡所得税の申告に関与する場合、形式的な売却金額だけでなく農地の客観的な価額にも留意することが重要です。

　農地については売買実例が宅地に比べて少なく、取引価格についても相対で決定されることからばらつきがあるというのが実情です。親族間での取引の場合には、固定資産税評価額を売買の金額とする例も少なくありません。しかしながら、農地の固定資産税評価額は税制上の配慮から抑制されていること、市街地農地や市街地周辺農地では、宅地の取引価格に近似した高額な取引価格となる場合があることに留意が必要です。

　個人から著しく低い価額の対価で財産を譲り受けた場合には、その財産の時価と支払った対価との差額に相当する金額は、財産を譲渡した人から贈与により取得したものとみなされます（相法7条）。親族間の取引であれば、譲受人にみなし贈与によって贈与税が課税されるリスクがあるのであれば、当該リスクを説明しておくべき場面も想定されます。

　著しく低廉な価額による譲渡をした場合のみなし贈与については第8章で解説しています。

　なお、みなし贈与課税が行われている場合には、贈与があった時の時価で取得したものとして取得費を計算します。

（5）　農地に関する特別控除額

　農地について、担い手への譲渡を促すため、農業経営基盤強化促進法の農用地利用集積計画等により譲渡した場合には800万円（措法34の3）、買入協議により農地中間管理機構又は農地利用集積円滑化団体に譲渡した場合は1500万円の特別控除が認められます（措法34条の2第2項25号）。また、生産緑地地区内の農地等が生産緑地指定を受けた後30年を経過した後に買取り申出を行い、地方公共団体等に買い取られる場合にも特定住宅造成事業等のために土地等を譲渡した場合に該当し1500万円の特別控除が認められます。

　その他にも、収用交換等の場合の譲渡所得等の特別控除（措法33条の4）や、特定住宅地造成事業等のために土地等を譲渡した場合の譲渡所得の特別控除（措法34条の2）等もあります。

（6）　離作料の課税上の取扱い

　農地所有者が、耕作権を設定した農地について、耕作者から当該農地を返還してもらうのに際し、金銭を支払う場合があります。この耕作権の消滅に伴って支払われる金銭のことを離作料といいます。

　耕作権は土地の上に存する権利です。離作料は、土地の上に存する権利の消滅に伴い、その消滅につき一時に支払われる保証金であり、譲渡所得の収入となります（所令95条）。

　しかしながら、農地を返還してもらうのに金銭が支払われている場合でも、離作料に該当するかは留意が必要です。例えば、耕作者が農地を耕作していた法律上の原因が耕作権ではなく、単なる使用貸借権の場合には、農地の返還に伴って金銭が支払われていたとしても離作料とは認められません。この場合の金銭は個人間であれば贈与として取り扱われ、

贈与税の対象となる点に留意が必要です。

（7）　医療費負担に対する影響

　医療費の窓口負担割合は、69 歳までは 3 割、70 歳から 74 歳までは原則 2 割、75 歳以上は原則 1 割となっています。一定以上の所得がある場合、70 歳以上であっても現役世代並みの 3 割負担をすることもありますし、75 歳以上であっても 2 割負担となる場合があります。

　農地所有者の多くは高齢であり、農地を売却する個人農家の中には医療費の負担割合が 2 割や 1 割というかたも少なくありません。

　農地を売却した場合の影響について事前相談を受けた際に、譲渡所得税だけでなく医療費負担に影響がでるかもしれないという点を失念すると不適切なアドバイスをすることになってしまうこともあるかもしれませんので留意しましょう。

3　消費税

（1）　土地の譲渡・貸付け

　土地の譲渡及び貸付けは、非課税取引となっています（消法 6 条 1 項）。農地の譲渡や貸付けにおいても非課税取引として取り扱われます。

　ここで留意しなければならないのは、通常の土地取引と異なり、農地の譲渡や貸付けには農地法第 3 条の許可が必要という点です。賃貸借契約書を交わして農地の貸付け契約を締結したとしても、農地法上の許可がなければ法的に有効な賃借権は設定されません。そのため、関与先から農地を借りた、賃料を支払っている、と説明を受けた場合でも、農地法上の許可申請をしているか、許可を得ているか必ず確かめる必要があ

ります。

　仮に有効な賃借権設定ができていないにも関わらず地権者に支払って
いるお金を支払賃借料として計上した場合、有効な支払賃料として認め
られず過少申告となってしまうおそれもあります。

（2）　農業生産物に係るインボイス交付義務の免除

　農業生産者が生産物を販売した場合、相手方の求めに応じてインボイ
スを交付する義務があります（消法57条の4第1項）。ただし、以下
の取引は、インボイスの交付が困難な取引であり、インボイスの交付義
務が免除されています（消令70条の9第2項）。

①3万円未満の公共交通機関（船舶、バス又は鉄道）による旅客の運送
②出荷者等が卸売市場において行う生鮮食料品等の販売（出荷者から委
　託を受けた受託者が卸売の業務として行うものに限ります。）
③生産者が農業協同組合、漁業協同組合又は森林組合等に委託して行う
　農林水産物の販売（無条件委託方式かつ共同計算方式により生産者を
　特定せずに行うものに限ります。）
④3万円未満の自動販売機及び自動サービス機により行われる商品の販
　売等
⑤郵便切手類のみを対価とする郵便・貨物サービス（郵便ポストに差し
　出されたものに限ります。）

　卸売市場や農協を通しての販売や、軒先に自動販売機を設置して無人
販売を行っている個人農家では、②③④は身近な取引です。インボイス
発行登録事業者になるべきかといった相談を受けた際には、これらの取
引についてインボイス交付義務が免除されていることを説明したうえ
で、その他の取引についてインボイス発行登録事業者になる必要性がど
の程度あるかについて協議することが重要です。

（3）　軽減税率の適用

　酒類を除く飲食料品には軽減税率が適用されます。食品とは、人の飲用又は食用に供されるものをいいます。

　農産物のなかには、畜産業で用いる飼料用として販売されるものもありますが、これは人の食用に供されるものではないため軽減税率の対象になりません。そのため、農産物の販売収入については販売先だけでなく用途も明確にして売買しておくことが重要です。

　また、収穫体験等をさせる観光農園のようなサービスを営む場合には、サービスの提供では標準税率が適用される一方で、収穫物の販売においては軽減税率が適用されることになります。営農者が、収入の名目を明確にして事後的に疎明可能なように記録を残しておくことが重要です。

（4）　農協を通じての委託販売における課税売上高の範囲

　消費税法基本通達 10 − 1 − 12 に「委託販売等に係る委託者については、受託者が委託商品を譲渡等したことに伴い収受した又は収受すべき金額が委託者における資産の譲渡等の金額となるのであるが、その課税期間中に行った委託販売等の全てについて、当該資産の譲渡等の金額から当該受託者に支払う委託販売手数料を控除した残額を委託者における資産の譲渡等の金額としているときは、これを認める。」という規定があります。

　農協を通じての委託販売において当該通達を根拠として委託販売手数料と売上高を総額計上するのではなく、委託販売手数料を控除した残額を売上高とすることで課税売上高を抑えることができます。

（5）　簡易課税区分

　農業の簡易課税事業区分は、令和元（2019）年9月30日以前は第3種に分類されており、みなし仕入率70％となっていました。

　令和元年10月1日から消費税率が10％に引き上げられ、飲食料品については軽減税率が適用されて8％となっていることから農業者のみなし仕入率について見直しがされました。

　その結果、農業者のうち飲食料品の譲渡を行う事業者は第2種に分類され、みなし仕入率80％が適用されることになりました。飲食料品の譲渡を行わない農業者は引き続き第3種に分類されることになります。

（6）　相続で農業を承継した場合の消費税納税義務判断の留意事項

　相続により被相続人の事業を承継した相続人について、基準期間の課税売上高によって免税事業者か課税事業者か検討する際には、以下の点に留意が必要です。

　まず、相続があった年においては、相続人又は被相続人の基準期間における課税売上高のうちいずれかが1000万円を超える場合には、相続により被相続人の事業を承継した相続人は免税事業者とならず課税事業者となります（消法10条）。相続を契機に農業従事者となり開業届を提出したというようなケースで、開業初年度は免税事業者であるといった説明をしてしまう例が見受けられますが、被相続人の基準期間における課税売上高についても考慮する必要があることに留意が必要です。

　なお、相続のあった年の翌年及び翌々年においては、相続人の基準期間における課税売上高と被相続人の課税売上高の合計額が1000万円を超える場合には免税事業者とならないので留意します。

4　固定資産税

（1）　固定資産税の仕組み

　固定資産税は、市町村が、固定資産課税台帳に記録された固定資産の所有者に対して課す税金です。

　固定資産税は固定資産税課税標準額に対して 1.4％の税率を乗じた金額が課税されます。なお、土地 30 万円、家屋 20 万円が免税点とされ、同一市町村内に免税点以下の固定資産しか有していない場合には免税となります。

（2）　農地価格

　土地評価額は、売買実例価額から不正常要素を除去した正常売買価格を求めるのが基本です。農地については、正常売買価格に 55％を乗じた金額を農地の適正な時価となります（固定資産評価基準　1 章 2 節二 4）。55％は、農地の限界収益率といわれています。

　もっとも、遊休農地については限界収益率を乗じない取扱いとなっており、遊休農地に対する課税が強化されています。

（3）　負担調整措置

　固定資産税では、土地評価額の急激な上昇に伴う納税負担を軽減するための負担調整措置が設けられています。

　農地については前年度課税標準額に対する当該年度の評価額の負担割合の区分に応じて前年度税額に 1.025 から 1.1 の負担調整率を乗じた税額とする特例があります。この農地に対する負担調整措置は、一般農地・生産緑地・三大都市圏特定市以外の市街化区域農地で適用されます。

（4）　現況主義の落とし穴　宅地介在農地

　固定資産税における土地の評価では、当該土地の現況及び利用目的に重点を置き、部分的に僅少の差異の存するときであっても、土地全体としての状況を観察して認定する現況主義が採用されています。

　農地法の転用許可を得た農地を宅地介在農地といいます。宅地介在農地においては、宅地と同等の評価をすることが相当と考えられることから、農地法の転用許可を受けた場合には、沿接する道路の状況、公共施設等の接近の状況その他宅地等としての利用上の便等からみて、転用後における当該田及び畑とその状況が類似する土地の価額を基準として求めた価額から当該田及び畑を宅地等に転用する場合において通常必要と認められる造成費に相当する額を控除した価額によってその価額を求める方法によるものとされています（固定資産評価基準　1章2節一）。

　宅地への転用をしようと農地法第4条の許可を得たが、宅地造成せずに耕作を継続して農地としての外形を維持しているといった場合等においては、土地の現況からすれば農地と考えられるものの、宅地介在農地として近傍宅地価格から宅地造成費相当額を控除した評価額によることになり得るので注意が必要です。

（5）　太陽光発電設備敷地用地

　太陽光発電設備敷地用地の地目は、農地に該当しないことから課税地目は雑種地となります。

　しかしながら、農地に支柱をたて上部空間に帯状に太陽光発電パネルを設置し、下部農地で営農を継続する営農型発電では、一時転用許可にすぎないことや営農を継続することができることから課税地目は農地扱いとなっています。

5　償却資産税

（1）　概要

　固定資産税は、地方税法の定めにより、土地や家屋のほかに償却資産についても課税の対象となります。償却資産を所有している場合、賦課期日である1月1日現在所有している償却資産について毎年申告することが必要です。農業者は、行政からの協力を受ける機会も多く市町村関係者との信頼関係等を維持しておくことも重要であり、償却資産税についてもきちんと対応することが必要です。

（2）　農耕トラクタ等

　農耕作業用の特殊自動車両が償却資産税の対象となる可能性があります。

　自動車税・軽自動車税の課税対象となるべきものは償却資産税の対象とならない、というのが車両運搬具に関する償却資産税の基本ルールです（地法341条4号ただし書き）。

　農耕トラクタ・農業用薬剤散布車・刈取脱穀作業車・田植機等の農耕作業用自動車については、まず乗用装置の有無で判断します。

　農耕作業用自動車で乗用装置のないものは自動車税・軽自動車税の対象にならないことから償却資産税の対象となります。

　農耕作業用自動車で乗用装置のあるものは、最高速度が時速35km未満か、以上かによって取扱いが異なります。

　最高速度が時速35km未満の場合、当該車両は小型特殊自動車となり、軽自動車税の対象となることから償却資産税の対象となりません。

　最高速度が時速35km以上の場合、当該車両は大型特殊自動車とな

ります。大型特殊自動車には自動車税が課税されないことから、償却資産税の対象となります。

（3） ビニールハウス

ビニールハウスは、しっかりした基礎工事がされていたとしても、屋根及び周壁の資材に永続性が認められないことから基本的に家屋として認定されません。

ビニールハウスは家屋として固定資産税が課されるものではないため、償却資産税の対象として申告する必要があります。

なお、ビニールハウスが構築物に該当するのか、器具備品に該当するのかは会計上の論点です。

（4） 太陽光発電設備

営農型発電、ソーラーシェアリングのように農地に支柱を立てて上部空間に太陽光設備を設置し、農業と太陽光発電を同時に行う場合、外壁や屋根がないため太陽光発電設備は家屋に該当しません。太陽光発電設備は、規模等からみて機械・装置に該当する例が多いですが、構築物として処理する例もみうけられます。

いずれにしても家屋として固定資産課税台帳を基礎に課税決定通知がくるものでもなく償却資産税の対象財産として申告が必要な点に留意が必要です。

（5） 生物

牛、馬、果樹その他の生物（観賞用、興行用、その他これらに準ずる用に供する生物を除く。）は償却資産税の対象とはなりません（地方税法の施行に関する取扱いについて（市町村税関係） 3章1節一5）。

（6）その他

　井戸、ポンプ、フェンス、ボイラー、擁壁等の構築物、農業関連機具等は償却資産税の対象となります。

6 事業税

　事業税は、個人の行う特定の事業と法人の行う事業が課税対象です。

　個人農家の農業は、地方税法第72条の2の課税対象事業に記載されておらず、課税対象となりません。

　法人事業税の対象は、原則として事業を行う全ての法人に課税されます。ただし、農地所有適格法人要件を充足した農事組合法人に対して法人事業税は課税されません（地法72条の4第3項)。

7 事業所税

　事業所税は、政令指定都市等の指定都市にある事業所で事業を行う者が課税対象者となります。ただし、農業、林業又は漁業を営む者が直接その生産の用に供する施設で政令で定める施設は非課税となっています（地法701条の34第3項11号)。政令で定める施設としては、農作物育成管理用施設、蚕室、畜舎、家畜飼養管理用施設、農舎、農産物乾燥施設、農業生産資材貯蔵施設、たい肥舎、サイロ及びきのこ栽培施設があります（地令56条の27、地規24条の3)。

　また、農業協同組合、水産業協同組合、森林組合その他政令で定める

法人が農林水産業者の共同利用に供する施設で政令で定めるものも非課
税となっています（地法 701 条の 34 第 3 項 12 号）。政令で定める法
人として農事組合法人が定められています（地令 56 条の 28 第 1 項 1
号）。

4. 農福連携

　農業分野と社会福祉分野が連携することについて農福連携という言葉が使われることがあります。

　様々な連携方法がありますが、障害者が農業分野での雇用や就労支援機会を得て活躍することを通じて自信や生きがいを持って社会参画を実現していく取組です。

　令和元年6月に農福連携等推進会議が公表した農福連携等推進ビジョンでは、「農福連携を、農業分野における障害者の活躍促進の取組にとどまらず、ユニバーサルな取組として、農業だけでなく様々な産業に分野を広げるとともに、高齢者、生活困窮者、ひきこもりの状態にある者等の就労・社会参画支援、犯罪・非行をした者の立ち直り支援等にも対象を広げ、捉え直すことも重要である」と連携分野を広げて推進していくことを明言しています。

　障害者だけでなく、高齢者、生活困窮者、ひきこもり、触法障害者といったように対象者が拡大していくこと、また、農作業だけでなく六次産業化の取組みと並行して連携分野も拡大していくことが見込まれます。

　税理士や農業経営アドバイザー等が相談を受けたり支援したりする農福連携の例としては、就労継続支援B型事業があります。就労継続支援B型の場合、事業者が利用者との間で雇用契約を締結せずに利用者に就労機会を提供することで労働力を確保することができ工賃を支払うものの、事業者は給付金等を得てコストを抑制することができます。利用者側も就労機会と工賃を受領することができます。

第 5 章

農家の相続にまつわる税務

1　農家は税理士よりも相続税に詳しい？

　ほとんどの農家は地域の農協の組合員となっています。農家の多くは先祖伝来の土地を多く持っていることから、農協では、組合員向けの資産活用の勉強会を開催したり、組合員に対して資産活用のための提案をしたりしています。

　資産活用の勉強会では、相続税や相続税納税猶予制度の仕組みや相続税対策の事例を定期的に紹介しています。農家の方は、一般市民よりも相続税に関する情報に接する機会が多い状況です。特に、不動産価格が高い水準にある三大都市圏の周辺農家は、財産規模が大きくなりやすく、それに伴って多額の相続税納税額が懸念されることから、相続税に強く関心を持っている農家は多い印象です。

　正確な納税額の算出をするための知識や経験がないにしても、自身の財産状況から適用し得る特例や控除に関する知識を有していたり、相続税納税猶予制度に深い知識を有していたりする農家も少なくありません。相続税法関連の改正動向や相続税納税猶予制度についてはしっかり勉強しましょう。

2　税務調査の状況

　国税庁が令和5年12月に公表した「令和4事務年度における相続税の調査の状況について」によると相続税に関する税務調査の状況は次の表のような状況です。相続税実地調査件数の85%以上で相続税申告漏れ等の非違が発見され、実地調査1件当たり約816万円の追徴がされ

ている状況です。

　相続税に関しては税理士業務の中でもリスクが高い分野かもしれない
ということ、相続税の中でも農家という特殊事情が加味されるというこ
とに留意する必要があります。

令和4事務年度における相続税の調査の状況について

	項目		令和3年事務年度	令和4年事務年度	対前事務年度比
①	実地調査件数		6,317件	8,196件	129.7%
②	申告漏れ等の非違件数		5,532件	7,036件	127.2%
③	非違割合（②/①）		87,6%	85,8%	▲1.7ポイント
④	重加算税賦課件数		858件	1,043件	121.6%
⑤	重加算税税賦課割合（④/②）		15.5%	14.8%	▲0.7%ポイント
⑥	申告漏れ課税価格		2,230億円	2,630億円	117.9%
⑦	⑥のうち重課税税賦課対象		340億円	388億円	114.2%
⑧	追徴税額	本税	486億円	582億円	119.7%
⑨		加算税	74億円	87億円	118.1%
⑩		合計	560億円	669億円	119.5%
⑪	実地調査1件あたり	申告漏れ課税価格*（⑥/①）	3,530万円	3,209万円	90.9%
⑫		追徴税額（⑩/①）	886万円	816万円	92.1%

＊「申告漏れ課税価格」は、申告漏れ相続財産額（相続時精算課税適用財産を含む。）から、被相続
　人の債務・葬式費用の額（調査による増減分）を控除し、相続開始前3年以内の被相続人から法
　定相続人等への生前贈与財産額（調査による増減分）を加えたものである。

（国税庁「令和4事務年度における相続税の調査等の状況」より一部加工のうえ掲載）

3　税理士職業賠償責任保険事故事例

　株式会社日税連保険サービスが毎年公表している「税理士職業賠償
責任保険事故事例（2022年7月1日～2023年6月30日）」によると
令和4（2022）年度の相続税分野における事故は31件、支払金額は2億
600万円（1件当たり664万5,161円）となっています。

　相続税における主な内容としては、以下が記載されています。

▶広大地評価の適用失念

▶広大地評価誤り

▶農地納税猶予の適用失念

　広大地評価や農地納税猶予制度の適用は農業関係の相続に税理士とし
て関与する場合には絶対に失念してはならない適用誤りをしてはならな
い重要論点なので留意しましょう。

　生前に相続が発生した場合のシミュレーションや相続税対策等に相談
を受けるような場合には、事前税務相談業務担保特約に加入することも
検討すべきです。

4　農地を相続した場合の農業委員会への届出

　遺産分割によって農地に関する権利を取得した者は、その農地のある

市町村の農業委員会に相続した旨の届出をしなければなりません（農地法3条の3）。

　税理士等の相続手続に全て任せたという認識の相続人は少なくないため、相続手続に関与する場合には農業委員会への届出が必要であるという点にも留意すべきです。

5　建更（建物更生共済）に留意

　建物更生共済（建更（たてこう）と略称で呼ばれることがほとんどです。以下、「建更」といいます。）という農協が取り扱う家屋に関する共済があります。

　建更は家屋や家財が火災や、台風・地震といった自然災害により受けた損害の保障に、非共済者の死傷した場合の保障を組み込んだ総合保障共済です。

　被共済者に手厚い保障があり、農協が販売に注力していたこともあり、多くの農家で加入しています。建更は、共済期間の満期時に満期共済金が支払われ、満期共済金を家屋のリフォームや建替えといった使途で利用することが想定されています。共済期間の満期前であっても解約した場合には解約返戻金があります。

　相続開始時における建更の解約返戻金を相続財産の計上から漏らさないように留意が必要です。建更の解約返戻金は数百万円にのぼるケースも少なくありません。生命保険の有無等について相続人に対しヒアリングしていても生命保険でないことから漏れてしまうリスク、死亡した被共済者は建更の仕組みを理解していたとしても遺族である相続人が建更の存在や建更に多額の解約返戻金があることを認識していないこともあ

ります。筆者の経験においても、相続人は建更の存在を認識していなかったが農協で解約返戻金に関する書類の発行を依頼したことで建更の解約返戻金を発見したということも何度かあります。一時払いで一括して払込みが済んでいるようなケースだと相続開始前の通帳をみていても建更の端緒が見受けられないということも想定されるので留意が必要です。

6　財産的価値がないのに耕作権に課税されるリスク

　耕作権を有する耕作人の相続人が農業を承継する意思がない場合には、耕作権には何ら主観的価値はありません。しかしながら、耕作権は相続税の課税対象です。そのため、耕作権を有していた耕作人が死亡した際の相続では、相続人は耕作権を評価して耕作権についても相続税を負担することになってしまいます。

　耕作権を有している場合には、生前に解消しておくことを検討することも重要です。なお、耕作権の解消には都道府県知事の許可が必要となるため留意が必要です（農地法 18 条）。

第6章

農地相続税納税猶予制度

1　概要

　農業者が死亡して相続が開始した際に、農地に対して相続税を課税すると、相続税を納税するために農地を売却する等の換価によって納税資金を得たうえで納税をするといった事態が生じ農地の減少を招くことが懸念されます。

　このような事態が生じないようにするため、農業者が死亡した際に農業の後継者が相続した農地について相続税の納税を猶予する制度が農地相続税納税猶予制度です。

　農業を営んでいた被相続人または特定貸付け等を行っていた被相続人から相続人が農地等を相続や遺贈によって取得し、自ら営農する場合または特定貸付け等を行う場合には、相続によって取得した農地等の価額のうち農業投資価格による価額を超える部分に対応する相続税額は、その取得した農地等について相続人が農業の継続または特定貸付け等を行っている限りその納税が猶予されます。

　農業投資価格は、国税庁 HP の路線価図・評価倍率表で都道府県ごとに確認することができます。なお、地価の高い東京都では 10a 当たりの令和 5 年分農業投資価格が田：900 千円、畑：840 千円、採草放牧地 510 千円となっており、北海道の北ブロックでは 10a 当たりの令和 5 年分農業投資価格が田：169 千円、畑：55 千円、採草放牧地：21 千円となっています。農業投資価格は毎年見直しがされていることから適用年度における農業投資価格を調べる必要がある点に留意が必要です。

2　農地相続税納税猶予制度の適用要件

　農地相続税納税猶予制度の適用を受けるためには、被相続人要件、農業相続人要件、特例農地等要件の全てを充足する必要があります。

（1）　被相続人要件

　被相続人は以下のいずれかに該当する必要があります。

▶死亡日まで農業経営を継続していた者

▶農地等の生前一括贈与をした者

▶死亡日まで納税猶予制度の適用を受けていた農業相続人または農地等生前一括贈与の適用を受けていた受贈者で、営農困難時貸付けをし、税務署長に届出をした者

▶死亡日まで特定貸付け等を行っていた者

（2）　農業相続人要件

　相続人は以下のいずれかに該当する必要があります。

▶相続税申告期限までに農業経営を開始し、その後も引き続き農業経営を行うと認められる者

▶農地等の生前一括贈与の特例の適用を受けた受贈者で、特例付加年金または経営移譲年金の支給を受けるためその推定相続人の1人に対し農地等について使用貸借による権利を設定して、農業経営を移譲し、税務署長に届出をした者

▶農地等の生前一括贈与の特例の適用を受けた受贈者で、営農困難時貸付けをし、税務署長に届出をした者

（3）　特例農地等要件

　相続税納税猶予制度の適用を受けるための特例農地等は以下のいずれ
かに該当する必要があります。

▶被相続人が農業の用に供していた農地等

▶被相続人が特定貸付け等を行っていた農地等

▶被相続人が営農困難時貸付けを行っていた農地等

▶被相続人から生前一括贈与により取得した農地等で被相続人の死亡の
　時まで贈与税の納税猶予または納期限の延長の特例の適用を受けてい
　たもの

▶相続や遺贈によって財産を取得した人が相続開始の年に被相続人から
　生前一括贈与を受けていた農地等

　特例農地要件を充足する農地等には、特定市街化区域農地等が除外さ
れています。特定市街化区域農地等というのは、市街化区域内に所在す
る農地または採草放牧地で、平成 3 年 1 月 1 日において三大都市圏の特
定市の区域内に所在し、都市営農農地等に該当しないものをいいます。
都市営農農地等には、当初は生産緑地指定された農地のみが対象となっ
ていましたが、平成 30 年度税制改正より都市計画法の改正で新設され
た用途地域である田園住居地域内にある農地も対象と認められるように
なりました。都市営農農地等は、特定市街化区域農地等から除外されて
いるため特例農地要件を満たすことができます。

　農業相続人が被相続人から相続する農地の全てを相続税納税猶予制度
の適用を受ける特例農地等にする必要はありません。短期的に売却等が
予定されている農地等についてははじめから納税猶予の対象からはずし
ておくという判断も可能です。相続税納税猶予制度の適用を受けるため
の特例農地等にするためには、相続税申告期限までに遺産分割を終えて、

相続税申告書に相続税納税猶予制度の適用を受ける旨を記載して期限内に提出する必要があります。

3　相続税納税猶予に関する適格者証明書

　相続税納税猶予制度の適用を受けるためには相続税申告書を提出する際に、相続税納税猶予に関する適格者証明書を添付する必要があります。
　適格者証明書は、農業被相続人要件、農業相続人要件を充足していることを証明するために被相続人及び農地等の相続人が相続税納税猶予制度の適用を受けるための適格者であることを農業委員会が証明する書類です。
　適格者証明書を農業委員会に発行してもらうための証明願をするためには事前に農地等を相続するものが確定していなければなりません。証明願を提出した後、農業委員会が開催されるタイミングまで時間を要することもあるため、相続税申告期限までスケジュールに余裕をもたせて遺産分割協議を調えるとともに農業委員会に証明願を提出することが重要です。

4　担保権設定に関する手続

　相続税納税猶予制度の適用を受けるためには相続税申告書を提出する際に、納税猶予税額及び利子税に見合う担保を提供する必要があります。具体的には、担保提供書、担保目録、抵当権設定登記承諾書を相続税申告書に添付して提出することになります。

　相続税納税猶予制度の適用を受けると特例農地等は原則として農業以外の用に供することは制限されるので、担保には特例農地等を提供することがほとんどです。

　相続税申告書を提出すると職権で抵当権設定登記がされることになります。

5　納税猶予期限の確定

　以下の事由を相続税納税猶予制度の確定事由といい、確定事由のいずれかに該当する場合、相続税の納税を猶予されていてた納税期限が確定し納税猶予税額の全部又は一部を納付しなければならなくなります。
- ▶特例農地等について譲渡等があった場合
- ▶特例農地等に係る農業経営を廃止した場合
- ▶３年ごとの継続届出書の提出がなかった場合
- ▶担保価値減少に伴う増担保又は担保変更の求めに応じなかった場合
- ▶特例の適用を受けている準農地について、申告期限後10年を経過する日までに農業の用に供していない場合

　準農地は、農業振興地域農用地区域内にある土地で用途区分が農地等とされている土地で10年以内に農地等にするための土地で（措法70条の6第1項）、農地の分類における純農地とは別のものです。相続税関係の情報では純農地と準農地という語が混在することになり、特にインターネット上にある校閲の甘い個人作成情報では別の用語だと意識できていないまま用語を使用している例もみられますので注意が必要です。

6 営農困難時貸付けの特例と届出

（1） 相続税の納税猶予の営農困難時貸付けの特例の届出手続

　相続税納税猶予制度の適用を継続して受けるためには終生にわたり農業経営を継続する必要があります。農業経営を廃止すると確定事由に該当し、相続税の納税を猶予されていた納税期限が確定し納税猶予税額の全部又は一部を納付しなければならなくなります。

　しかしながら、障害や疾病等の理由で、営農が困難な状態となったために農業経営を廃止する場合にも納税猶予税額の全部又は一部を納付しなければならなくなるというのは酷な話です。そこで、営農困難時には意欲ある農業者へ特例農地を貸付けることを認め、営農困難時貸付けを行った場合でも相続税納税猶予制度の適用を継続して受けることができることになっています（措法70条の6第28項）。

　農困難時貸付けを行った場合に納税猶予の特例を継続する特例の適用を受けるためには、納税猶予の適用を受けている特例農地について営農困難時貸付けを行った日から2か月以内に「営農困難時貸付けに関する届出書」を所轄税務署長宛に提出する必要があります。

（2） 営農困難時貸付けの特例の適用を受けている農地等について新たな営農困難時貸付けを行った場合の届出手続

　営農困難時貸付けを行ったとしても、借受けた者が死亡するかもしれませんし、障害や疾病等の理由で営農が困難な状況に陥ることも起こりえます。

　営農困難時貸付けの特例の適用を受けている農地等につき、耕作の放棄又は賃借権等の消滅があった場合、耕作の放棄又は賃借権等の消滅が

あった日から2か月以内に新たな営農困難時貸付けを行うことができます。この場合耕作の放棄又は賃借権等の消滅があった日から2か月以内に所轄税務署長へ「耕作の放棄又は賃借権等の消滅があった営農困難時貸付農地等について新たな営農困難時貸付けを行った旨の届出書」を提出することで引き続き納税猶予を継続することができます（措法70条の6第28項）。

（3）　営農困難時貸付けの特例の適用を受けている農地等について新たな営農困難時貸付けに関する承認申請手続

営農困難時貸付けの特例の適用を受けている農地等につき、耕作の放棄又は賃借権等の消滅があった日から2か月以内に新たな営農困難時貸付けを行うことができない場合には、1年以内に新たな営農困難時貸付けを行う見込みであることにつき税務署長の承認を受け、その承認に係る営農困難時貸付の特例を受けている農地等について新たな営農困難時貸付けを行ったときに届出をすることで引き続き納税猶予を継続することができます。

この場合、まず、耕作の放棄又は賃借権等の消滅があった日から2か月以内に、1年以内に新たな営農困難時貸付けを行う見込みであることにつき所轄税務署長へ「耕作の放棄又は賃借権等の消滅があった営農困難時貸付農地等に係る新たな営農困難時貸付けに関する承認申請書」を提出して承認を申請します。

その後耕作の放棄又は賃借権等の消滅があった日から1年以内に新たな営農困難時貸付けを行った場合、所轄税務署長へ「耕作の放棄又は賃借権等の消滅があった営農困難時貸付農地等について新たな営農困難時貸付けを行った旨の届出書」を提出することで引き続き納税猶予を継続することができます（措法70条の6第28項）。

（4）　営農困難時貸付けの特例の適用を受けている農地等について自己の農業の用に供した場合の届出手続

　営農困難時貸付けの特例の適用を受けている農地等につき、耕作の放棄又は賃借権等の消滅があった場合、自身の営農困難事由が解消していれば自分で営農を再開することも考えられます。

　この場合耕作の放棄又は賃借権等の消滅があった日から2か月以内に所轄税務署長へ「耕作の放棄又は賃借権等の消滅があった営農困難時貸付農地等を自己の農業の用に供した旨の届出書」を提出することで引き続き納税猶予を継続することができます（措法70条の6第28項）。

　また、1年以内に新たな営農困難時貸付けを行う見込みであることにつき税務署長の承認を受けたものの、新たな営農困難時貸付けを行うことができなかったが、その承認に係る営農困難時貸付けの特例を受けている農地等について自己の農業の用に供したときにも届出をすることで引き続き納税猶予を継続することができます。

7　特定貸付けの特例と届出

（1）　相続税の納税猶予の特定貸付けの特例の届出手続

　相続税納税猶予制度の適用を継続して受けるためには終生にわたり農業経営を継続する必要があります。特例農地等を譲渡したり、農業経営を廃止したりすると確定事由に該当し、相続税の納税を猶予されていた納税期限が確定し納税猶予税額の全部又は一部を納付しなければならなくなります。

　農地中間管理事業は、農地を集積してまとまりのある形で意欲ある農

業者に農地を貸し付ける事業を実施しています。相続税納税猶予制度の適用を受けている特例農地に賃借権等を設定することで納税猶予を継続できなくなってしまうと、特例農地等に対しては農地中間管理機構の事業が事実上できなくなってしまう懸念があります。そこで、農地中間管理事業のために行われる使用貸借による権利又は賃借権の設定による貸付けを特定貸付けとして、特定貸付けを行った場合でも相続税納税猶予制度の適用を継続して受けることができるように特例規定を設けています（措法70条の6の2）。

　特定貸付けを行った場合に納税猶予の特例を継続する特例の適用を受けるためには、納税猶予の適用を受けている特例農地について特定貸付けを行った日から2か月以内に「相続税の納税猶予の特定貸付けに関する届出書」を所轄税務署長宛に提出する必要があります。

（2）　特定貸付けの特例の適用を受けている農地等について新たな特定貸付けを行った場合の届出手続

　特定貸付けを行ったとしても、借受けた者が死亡するかもしれませんし、障害や疾病等の理由で営農が困難な状況に陥ることも起こりえます。

　特定時貸付けの特例の適用を受けている農地等につき、耕作の放棄又は賃借権等の消滅があった場合、耕作の放棄又は賃借権等の消滅があった日から2か月以内に新たな特定貸付けを行うことができます。この場合耕作の放棄又は賃借権等の消滅があった日から2か月以内に所轄税務署長へ「賃借権等の消滅又は耕作の放棄があった特定貸付農地等について新たな特定貸付けを行った旨の届出書」を提出することで引き続き納税猶予を継続することができます（措法70条の6の2第3項）。

（3）　特定貸付けの特例の適用を受けている農地等について新たな特定貸付けに関する承認申請手続

　特定貸付けの特例の適用を受けている農地等につき、耕作の放棄又は賃借権等の消滅があった日から2か月以内に新たな特定貸付けを行うことができない場合には、1年以内に新たな特定貸付けを行う見込みであることにつき税務署長の承認を受け、その承認に係る特定貸付の特例を受けている農地等について新たな特定貸付けを行ったときに届出をすることで引き続き納税猶予を継続することができます。

　この場合、まず、耕作の放棄又は賃借権等の消滅があった日から2か月以内に、1年以内に新たな特定貸付けを行う見込みであることにつき所轄税務署長へ「賃借権等の消滅又は耕作の放棄があった特定貸付農地等に係る新たな特定貸付けに関する承認申請書」を提出して承認を申請します。

　その後耕作の放棄又は賃借権等の消滅があった日から1年以内に新たな特定貸付けを行った場合、所轄税務署長へ「賃借権等の消滅又は耕作の放棄があった特定貸付農地等について新たな特定貸付けを行った旨の届出書」を提出することで引き続き納税猶予を継続することができます（措法70条の6の2第3項）。

（4）　特定貸付けの特例の適用を受けている農地等について自己の農業の用に供した場合の届出手続

　特定貸付けの特例の適用を受けている農地等につき、耕作の放棄又は賃借権等の消滅があった場合、自分で営農を再開することも考えられます。

　この場合耕作の放棄又は賃借権等の消滅があった日から2か月以内に

所轄税務署長へ「賃借権等の消滅又は耕作の放棄があった特定貸付農地等を自己の農業の用に供した旨の届出書」を提出することで引き続き納税猶予を継続することができます（措法70条の6の2第3項）。

　また、1年以内に新たな特定貸付けを行う見込みであることにつき税務署長の承認を受けたものの、新たな特定貸付けを行うことができなかったが、その承認に係る特定貸付けの特例を受けている農地等について自己の農業の用に供したときにも届出をすることで引き続き納税猶予を継続することができます。

8　認定都市農地の貸付けの特例の届出手続

　納税猶予適用者が、納税猶予期限までに特例農地等の全部又は一部について認定都市農地貸付け又は農園用地貸付けを行い、これらの貸付けを行った日から2か月以内に、認定都市農地貸付け又は農園用地貸付けを行っている旨その他の所定事項を記載した届出書を納税地の所轄税務署長に提出した場合には、これらの貸付都市農地等に係る賃借権等の設定はなかったものと、農業経営は廃止していないものとみなされます（措法70条の6の4第1項）。

　認定都市農地貸付けは、都市農地の貸借の円滑化に関する法律に規定する認定事業計画に基づく貸付けのことです。農園用地貸付けは、特定農地貸付法に規定する貸付規程に基づく貸付け等のことです。

　相続税納税猶予の適用を受けている特例農地等について認定都市農地貸付け又は農園用地貸付けを行った場合、2か月以内に「相続税の納税猶予の認定都市農地貸付け等に関する届出書」を所轄税務署長に提出することで相続税納税猶予制度の適用を継続することができます。

　認定都市農地貸付け又は農園用地貸付けについても、営農困難時貸付けや特定貸付けの特例と同様に以下の特例の届出手続が整備されています。

▷相続税の納税猶予の認定都市農地貸付け等に関する届出手続

▷賃借権等の消滅等があった貸付都市農地等について新たな認定都市農地貸付け等を行った旨の届出手続

▷賃借権等の消滅等があった貸付都市農地等を自己の農業の用に供した旨の届出手続

▷賃借権等の消滅等があった貸付都市農地等に係る新たな認定都市農地貸付け等に関する承認申請手続

9　納税猶予税額の免除

　納税猶予税額は、以下のいずれかの事由に該当する場合に免除されます。

▷相続税納税猶予制度の適用を受けた農業相続人が死亡した場合

▷特例の適用を受けた農業相続人が特例農地等の全部を農業後継者に生前一括贈与し贈与税納税猶予制度の適用を受けた場合（特定貸付け等を行っていない農業相続人に限る）。

▷特例農地等のうちに平成3年1月1日において三大都市圏の特定市以外の区域内に所在する市街化区域内農地等（生産緑地等を除く。）について特例の適用を受けた場合において、当該適用を受けた農業相続人（都市営農農地等を有しない農業相続人に限る。）が相続税の申告書の提出期限の翌日から農業を20年間継続したとき。

　免除事由に該当する場合、免除事由に該当することとなった日以後遅

滞なく「相続税の免除届出書」を税務署へ提出する必要があります。

　相続税申告の相談を受けた際には、当該相続税申告で相続税納税猶予制度の適用を受けるか否かという手続を検討するだけでなく、被相続人自身が受けていた納税猶予税額については被相続人の死亡が免除事由に該当することで免除されることから相続税の免除届出書を提出する手続を失念しないように留意しましょう。

10　平成 3 年 1 月 1 日における三大都市圏の特定市

　平成 3 年 1 月 1 日における三大都市圏の特定市は次表の通りです。固定資産税における三大都市圏の特定市とは一致しないので留意が必要です。

　また、相続税分野ではあるものの規模の大きな宅地の評価を適用する際の三大都市圏特定市とも異なりますので混同しないように留意が必要です。

　市町村合併により新たな市になっている場合には、同一市であっても平成 3 年 1 月 1 日における三大都市圏の特定市であった地域と特定市でなかった地域で取扱いが異なることがあるので留意します（例：東京都あきる野市では旧秋川市地域は平成 3 年 1 月 1 日における三大都市圏の特定市に該当するが旧五日市町地域は該当しない等）。

	都道府県名 （市数）	市名
首都圏 (106)	茨城県（5）	龍ケ崎市、水海道市、取手市、岩井市、牛久市
	埼玉県(36)	川口市、川越市、浦和市、大宮市、行田市、所沢市、飯能市、加須市、東松山市、岩槻市、春日部市、狭山市、羽生市、鴻巣市、上尾市、与野市、草加市、越谷市、蕨市、戸田市、志木市、和光市、桶川市、新座市、朝霞市、鳩ヶ谷市、入間市、久喜市、北本市、上福岡市、富士見市、八潮市、蓮田市、三郷市、坂戸市、幸手市
	東京都(27)	特別区、武蔵野市、三鷹市、八王子市、立川市、青梅市、府中市、昭島市、調布市、町田市、小金井市、小平市、日野市、東村山市、国分寺市、国立市、福生市、多摩市、稲城市、狛江市、武蔵村山市、東大和市、清瀬市、東久留米市、保谷市、田無市、秋川市
	千葉県(19)	千葉市、市川市、船橋市、木更津市、松戸市、野田市、成田市、佐倉市、習志野市、柏市、市原市、君津市、富津市、八千代市、浦安市、鎌ヶ谷市、流山市、我孫子市、四街道市

	神奈川県(19)	横浜市、川崎市、横須賀市、平塚市、鎌倉市、藤沢市、小田原市、茅ヶ崎市、逗子市、相模原市、三浦市、秦野市、厚木市、大和市、海老名市、座間市、伊勢原市、南足柄市、綾瀬市
中部圏(28)	愛知県(26)	名古屋市、岡崎市、一宮市、瀬戸市、半田市、春日井市、津島市、碧南市、刈谷市、豊田市、安城市、西尾市、犬山市、常滑市、江南市、尾西市、小牧市、稲沢市、東海市、尾張旭市、知立市、高浜市、大府市、知多市、岩倉市、豊明市
	三重県(2)	四日市市、桑名市
近畿圏(56)	京都府(7)	京都市、宇治市、亀岡市、向日市、長岡京市、城陽市、八幡市
	大阪府(32)	大阪市、守口市、東大阪市、堺市、岸和田市、豊中市、池田市、吹田市、泉大津市、高槻市、貝塚市、枚方市、茨木市、八尾市、泉佐野市、富田林市、寝屋川市、河内長野市、松原市、大東市、和泉市、箕面市、柏原市、羽曳野市、門真市、摂津市、泉南市、藤井寺市、交野市、四條畷市、高石市、大阪狭山市
	兵庫県(8)	神戸市、尼崎市、西宮市、芦屋市、伊丹市、宝塚市、川西市、三田市

| | 奈良県（9） | 奈良市、大和高田市、大和郡山市、天理市、橿原市、桜井市、五條市、御所市、生駒市 |

(農林水産省「相続時の納税猶予制度の概要」より一部加工して掲載)

11 納税猶予期間中の継続届出

　納税猶予期間中は相続税申告期限から３年ごとに、引き続き相続税納税猶予制度の適用を受けるための継続届出書を所轄税務署に提出する必要があります。

　この継続届出書には、特例農地等に係る農業経営に関する事項を記載した明細書と、農業を引き続き行っている旨の農業委員会の証明書を添付する必要があります。継続証明を農業委員会に発行してもらうため申請から発行までの手続期間を要することを考慮しておく必要があります。

　継続届出書の提出がない場合、納税猶予税額について納税期限が確定し猶予されていた相続税額を納付しなければならなくなります。この場合、納付すべき税額に、相続税申告期限の翌日から納税猶予期限までの期間に係る利子税が課税されることになります。都市部の農地は納税猶予税額が億を超えることも少なくなく、また、利子税の対象期間が相続税申告期限の翌日からと長期間にわたることも多く、継続届出書の提出を失念した場合に甚大な影響がでるおそれがあることから注意が必要です。

5.　相続土地国庫帰属制度

　農地を相続した人の中には、利用価値の乏しい農地の所有権を放棄したいと希望する人も少なくありません。これまで不動産については、所有権者は所有権を放棄したいと考えても放棄することができませんでした。

　そのため、利用価値がないにも関わらず管理にコストを要する不動産については「負動産」と呼ばれることもありました。

　土地が管理されないまま放置されることで所有者不明土地が発生すると、土地が危険因子となった場合でも対策をしにくかったり、効率的な利用を阻害する要因になったりすることが懸念されます。このような背景から所有者不明土地が発生することを防ぐために相続した土地の所有権を放棄して国庫に帰属させることを可能とする相続土地国庫帰属制度が創設され、令和5年4月からスタートしました。この制度では、相続した土地の所有権を国庫に帰属させることを希望する申請者は、法務大臣の承認申請手続を行い、10年分の土地管理費相当額の負担金を納付することで相続した土地を国庫に帰属させることができます。

　相続土地国庫帰属制度の施行前に相続した土地も本制度を利用することができます。

　制度開始から間もないためまだ制度がどのように運用されていくのか不透明な部分はありますので、実務的には事例の蓄積に注目したいところです。

第 7 章

財産評価基本通達に基づく
農地等の評価

1　農地の分類

　税務上、農地は純農地、中間農地、市街地周辺農地、市街地農地の 4 種類に区分して評価します（評基通 34）。

　純農地は、農業振興地域農用地区域内農地、第 1 種農地、甲種農地が該当します。ただし、近傍農地の売買実例価額、精通者意見価格等に照らし、第 2 種農地又は第 3 種農地に準ずる農地は純農地の定義からは除外されており、第 2 種農地又は第 3 種農地として評価します。

　中間農地は、第 2 種農地と第 2 種農地ではないが近傍農地の売買実例価額、精通者意見価格等に照らし、第 2 種農地に準ずる農地と認められるものが該当します。

　市街地周辺農地は、第 3 種農地と第 3 種農地ではないが近傍農地の売買実例価額、精通者意見価格等に照らし、第 3 種農地に準ずる農地と認められるものが該当します。

　市街地農地は、農地法第 4 条に規定する転用許可を受けた農地と転用許可を要しない農地が該当します。なお、市街化区域内農地は届出のみで転用することが可能であり農地転用を要しません。基本的には既に転用許可を受けた農地か市街化区域内農地が市街地農地に該当することになりますが、改正前農地法に基づき転用許可を要しない農地として都道府県知事の指定を受けた農地は市街化区域内農地でなくとも市街地農地に該当することになるので留意が必要です。

2　農地分類ごとの評価方法

　純農地及び中間農地の価額は倍率方式によって評価します。倍率方式は、その農地の固定資産税評価額に、国税局長が定めた倍率を乗じて評価する方式です（評基通 37、38）。

　市街地周辺農地の価額は、その農地が市街地農地であるとした場合の価額の 80％に相当する金額によって評価します（評基通 39）。

　市街地農地の価額は、その農地が倍率地域にあるのであれば倍率方式によって評価します。倍率地域にない場合には、宅地比準方式によって評価します。宅地比準方式による市街地農地の価額は、その農地が宅地であるとした場合の 1 ㎡当たりの価額からその農地を宅地に転用する場合において通常必要と認められる 1 ㎡当たりの造成費に相当する金額として、整地、土盛り又は土止めに要する費用の額がおおむね同一と認められる地域ごとに国税局長の定める金額を控除した金額に、その農地の地積を乗じて計算した金額によって評価します（評基通 40）。算式では以下のように表現できます。

市街地農地の評価額

　　＝　（宅地である場合の 1 ㎡当たりの価額　−　1 ㎡当たりの宅地造成費）×　地積

　1 ㎡当たりの宅地造成費は、都道府県ごとに毎年路線価図や評価倍率表等とあわせて財産評価基準書において公開されています。宅地造成費は毎年見直されているため適用年度の宅地造成費を必要な都度確認することが必要です。

　財産評価基本通達に基づく農地の分類と評価方法、農地法に基づく農地の分類を整理すると以下のようになります（わかりやすさのため売買

実例価額等により第1種農地に不該当となり第2種農地又は第3種農地に分類されるものは表現から捨象しています）。

財産評価基本通達の分類	農地法の分類	評価方法
純農地	・農用地区域内農地 ・甲種農地 ・第1種農地	・倍率方式
中間農地	・第2種農地	
市街地周辺農地	・第3種農地	・市街地農地であるとした場合の価額の80%
市街地農地	・転用許可を受けた農地 ・転用許可を要しない農地	倍率方式又は宅地比準方式

農地法の分類については、第2章で解説しています。

3　生産緑地の評価

　評価対象農地が生産緑地の場合は、その生産緑地について宅地比準方式により評価した価額から、課税時期から買取申出をすることができることとなる日までの期間に応じた以下の割合を乗じて計算した金額を控除した金額によって評価します（評基通40－3）。

買取申出可能期間到来済　　5％

　5年以下　　　　　　　　10％

　5年超10年以下　　　　　15％

10年超15年以下　　　　　20％

20年超25年以下　　　　　30％

25年超30年以下　　　　　35％

　特定生産緑地についても生産緑地と同様にその特定生産緑地について宅地比準方式により評価した価額から、課税時期から買取申出をすることができることとなる日までの期間に応じた上記の割合を乗じて計算した金額を控除した金額によって評価します。

4　農業用施設用地の評価

　農業振興地域農用地区域内又は市街化調整区域内のある農業用施設用地の価額は、その宅地が農地であるとした場合の1㎡当たりの価額に、その農地を課税時期において当該農業用施設用地とする場合に通常必要と認められる1㎡当たりの宅地造成費を加算した金額に、その宅地の地積を乗じて計算した金額によって評価します（評基通24－5）。

　ただし、その農業用施設用地の位置、都市計画法の規定による建築物の建築に関する制限の内容等により、近傍宅地価額で取引されると認められる場合には、宅地比準方式で評価しなければならない点に留意が必要です。

5　地積規模の大きな宅地の評価

　農地は一団にまとまっていて一般的な宅地に比べて地積が大きいことがほとんどです。そのため、「地積規模の大きな宅地の評価」の適用が問題になります。地積規模の大きな宅地の評価は平成30年1月1日以降の相続において適用されます（平成29年12月31日以前の相続では同趣旨の制度である広大地の評価が適用されていました）。

　地積規模の大きな宅地とは、三大都市圏においては500㎡以上の地積の宅地、三大都市圏以外の地域においては　1,000㎡以上の地積の宅地をいいます（ただし、市街化調整区域に所在する宅地等、一部該当しない宅地があります）。対象となる宅地は、路線価地域の場合は普通商業・併用住宅地区および普通住宅地区の該当する住宅、倍率地域の場合は該当する宅地であれば対象となります。

　市街地農地の価額は、その農地が宅地であるとした場合の1㎡当たりの価額をまず算出し、宅地造成費を控除して計算しますので、地積規模の大きな宅地の評価の適用が重要になります。

　路線価地域で地積規模の大きな宅地に該当する場合、地積規模の大きな宅地に該当しない通例の宅地評価額に規模格差補正率を乗じて評価額を算出します。規模格差補正率は以下のように算出します（評基通20－2）。

規模格差補正率の計算方法

$$\text{規模格差補正率} = \frac{A \times B + C}{\text{地積規模の大きな宅地の面積（A）}} \times 0.8$$

＊小数点以下第2位未満は切り捨てる。

地積	三大都市圏			三大都市圏以外		
	B	C	規模格差補正率の範囲	B	C	規模格差補正率の範囲
500㎡以上1,000㎡未満	0.95	25	78%〜80%	…	…	…
1,000㎡以上3,000㎡未満	0.90	75	74%〜78%	0.90	100	74%〜80%
3,000㎡以上5,000㎡未満	0.85	225	71%〜74%	0.85	250	72%〜74%
5,000㎡以上	0.80	475	64%〜71%	0.80	500	64%〜72%

（国税庁　タックスアンサー「No.4609 地積規模の大きな宅地の評価」を元に筆者作成）

　倍率地域で地積規模の大きな宅地に該当する場合、以下のいずれか低い価額で評価します。

▷その宅地の固定資産税評価額に倍率を乗じて計算した価額

▷その宅地が標準的な間口距離および奥行距離を有する宅地であるとした場合の1㎡当たりの価額に、普通住宅地区の奥行価格補正率や不整形地補正率などの各種画地補正率のほか、規模格差補正率を乗じて求めた価額に、その宅地の地積を乗じて計算した価額

　なお、地積規模の大きな宅地に該当するかの判断の基準となる三大都市圏特定市は、適用時の三大都市圏特定市であり、相続税等納税猶予制度における平成3年1月1日現在の三大都市圏特定市と異なります。東

京都でいえば羽村市は、平成 3 年 1 月 1 日時点では三大都市圏特定市ではありませんでしたが現在では三大都市圏特定市です。また、あきる野市のように合併で成立した新しい市の場合、市内でもあきる野市のうち旧秋川市に属する地域は平成 3 年 1 月 1 日時点で三大都市圏特定市ですが、あきる野市のうち旧五日市町に属する地域は平成 3 年 1 月 1 日時点で三大都市圏特定市でないといった取扱いの相違もあるので留意が必要です。

　また、市街地農地等であっても、以下の場合には戸建住宅用地としての分割分譲が想定しにくいため地積規模の大きな宅地の評価の適用対象とならないので注意が必要です。

▶宅地へ転用するには多額の造成費を要するため、経済的合理性の観点から宅地への転用が見込めない場合

▶急傾斜地などのように宅地への造成が物理的に不可能であるため宅地への転用が見込めない場合

6　地上権・永小作権の評価

　地上権及び永小作権の価額は、その目的となっている土地のこれらの権利を取得した時におけるこれらの権利が設定されていない場合の時価に、その残存期間に応じた割合を乗じて算出した金額によって評価します（相法 23 条）。

残存期間 10 年以下	5 ％
残存期間 10 年超 15 年以下	10%
残存期間 15 年超 20 年以下	20%
残存期間 20 年超 25 年以下	30%

残存期間 25 年超 30 年以下	40%
残存期間 30 年超 35 年以下	50%
残存期間 35 年超 40 年以下	60%
残存期間 40 年超 45 年以下	70%
残存期間 45 年超 50 年以下	80%
残存期間 50 年超	90%

　なお、存続期間の定めのない永小作権の価額は、残存期間を 30 年と
みなして評価します（評基通 43）。

7　耕作権の評価

　耕作権の価額は、農地の区分に応じ評価方法が異なります（評基通
42）。

　純農地及び中間農地に係る耕作権の価額は、その農地の価額に、耕作
権割合である 50％を乗じて計算した金額によって評価します。

　市街地周辺農地、市街地農地に係る耕作権の価額は、その農地が転用
される場合に通常支払われるべき離作料の額、その農地の付近にある宅
地に係る借地権の価額等を参酌して求めた金額によって評価します。「そ
の農地が転用される場合に通常支払われるべき離作料の額」が明確でな
いケースが少なくないので、実務上は近傍宅地評価額を参考に農地を評
価して借地権割合を乗じた金額で評価している例が見受けられます。

8　貸付けられている農地の評価

　耕作権、永小作権等が設定されており貸付けの目的となっている農地の評価は、自用地としての農地の価額から、農地の上に設定された耕作権・永小作権等の価額を控除した金額によって評価します（評基通41）。

　貸している側の相続では、貸付けられている農地として耕作権・永小作権等の価額を控除したほうが課税価格を抑制することができるので耕作権が設定されているのであれば耕作権がある前提で相続税申告をします。そのため、課税当局も耕作権が設定されていることは把握している状況にあります。耕作権が設定されている農地の耕作者が死亡した際の相続税申告では耕作権を相続財産から漏らさないように留意が必要です。

9　ヤミ耕作をさせている農地の評価

　農地に賃借権を設定するためには農地法第 3 条の許可を受ける必要があります。農地法の許可を受けないで事実上賃借して耕作することをヤミ耕作ということがあります。ヤミ耕作の状態が長期間にわたっていた場合、現況に沿って評価しなければならないのではないかというのが論点になります。

　この点については、国税庁の照会回答により、農地法の許可を受けないで、長期間にわたり他人に耕作させていた農地は自用地として評価することになります。

10 10 年以上の期間の定めのある賃貸借により貸付けられている農地の評価

　10 年以上の期間の定めのある賃貸借により貸し付けられている農地の価額は、その農地の自用地としての価額から、その価額に 5 ％を乗じて計算した金額を控除した価額によって評価します（国税庁 「農用地利用増進法等の規定により設定された賃貸借により貸付けられた農用地等の評価について」昭和 56 年 6 月 9 日付直評 10 ほか 1 課共同）。

　農地について 10 年以上の期間の定めのある賃貸借については、農地法第 18 条（農地又は採草放牧地の賃貸借の解約等の制限）第 1 項本文の適用が除外されていることから、いわゆる耕作権としての価格が生じるような強い権利ではないというのが国税庁の回答の理由となっています。

　「いわゆる耕作権」というのが何か不明瞭ではあるのですが、10 年以上の期間の定めのある賃貸借により貸し付けられている農地については国税庁の照会回答があることから、耕作権と混同して耕作権割合（50％）を適用してしまうと財産評価が小さくなり、過少申告となってしまうので留意が必要です。

11 都市農地貸借円滑化法に基づく認定事業計画に従って賃借権が設定されている農地の評価

　都市農地の貸借の円滑化に関する法律第 4 条の認定を受けた認定事業計画に従って賃借権が設定されている農地は、その農地の自用地としての価額から、その価額に 5 ％を乗じて計算した金額を控除した価額によって評価します。

　耕作権と混同して耕作権割合（50％）を適用してしまうと財産評価が小さくなり、過少申告となってしまうので留意が必要です。

　なお、都市農地貸借円滑化法は、生産緑地を対象としていることから、その農地の自用地としての価額において生産緑地の評価による控除をすることができる点にも留意が必要です。

12　農業経営基盤強化促進法に基づく農用地利用集積計画の公告により賃借権が設定されている農地の評価

　農業経営基盤強化促進法に基づく農用地利用集積計画の公告により賃借権が設定されている農地の価額は、農地法第 17 条に規定された法定更新等の適用が除外されており、いわゆる耕作権とは異なる性質であることから、その農地の自用地としての価額からその価額に 5 ％を乗じて計算した金額を控除した価額によって評価します。

　耕作権と混同して耕作権割合（50％）を適用してしまうと財産評価が小さくなり、過少申告となってしまうので留意が必要です。

13　農地中間管理機構に賃貸借により貸付けられている農地の評価

　農地中間管理機構に賃貸借により貸付けられている農地の価額は、農地法第 17 条に規定された法定更新等の適用が除外されており、いわゆる耕作権とは異なる性質であることから、その農地の自用地としての価額からその価額に 5 ％を乗じて計算した金額を控除した価額によって評価します。

　耕作権と混同して耕作権割合（50％）を適用してしまうと財産評価

が小さくなり、過少申告となってしまうので留意が必要です。

14　果樹等の評価

　果樹も課税対象の相続財産です。果樹の価額は、樹種ごとに、幼齢樹（成熟樹に達しない樹齢のもの）及び成熟樹（その収穫物による収支が均衡する程度の樹齢に達したもの）に区分し、それらの区分に応ずる樹齢ごとに評価します。ただし、屋敷内にある果樹等及び畑の境界にある果樹等でその数量が少なく、かつ、収益を目的として所有するものでないものについては、評価しない取扱いとなっています（評基通110）。

〈幼齢樹〉
　幼齢樹の価額は、植樹の時から課税時期までの期間に要した苗木代、肥料代、薬剤費等の現価の合計額の70％に相当する金額によって評価します（評基通99）。

〈成熟樹〉
　成熟樹の価額は、植樹の時から成熟の時までの期間に要した苗木代、肥料代、薬剤費等の現価の合計額から、成熟の時から課税時期までの期間の償却費累計額を控除した金額の70％に相当する金額により評価します。この場合における償却方法は、定額法によるものとし、その耐用年数は耐用年数省令に規定する耐用年数によります（評基通99）。

　果樹については被相続人の決算書等に計上された会計上の価額の70％に相当する金額が相続税申告上の評価額となるので、決算書の数値をそのまま踏襲して相続税申告書を作成した場合には相続財産の過大

計上となり依頼者である相続人の納税負担を増やしてしまうおそれがあるので留意が必要です。

6. 農地の地価

　農地の売買をする際に取引価格が問題となります。不動産鑑定士のような第三者に鑑定評価をもらうかというのは話題にのぼることがありますが、不動産の鑑定評価に関する法律第 52 条において農地は農地以外のものにする場合を除き不動産鑑定評価に含まれないと規定されています。そのため、農地については、農地を農地として鑑定評価することはできません。

　農地について不動産鑑定士へ鑑定評価の相談をすると、農地を農地以外の用途へ転用するための鑑定評価であれば可能であるが、農地を農地として鑑定評価することはできないと回答されてしまいます。

　このような背景から、国土交通省が毎年公開する 1 月 1 日現在の地価公示においても農地は対象から除外されています。

　不動産鑑定士が鑑定評価できないようなケースにおいて農地の評価額について相談を受けた際に不正確な回答をしないように留意しましょう。

第 **8** 章

農地等の
贈与にまつわる税務

1　農地等の贈与による財産取得の時期

（1）　贈与に際し農地法に基づく許可を要する農地

　農地の所有権の移転には原則として農地法第 3 条又は第 5 条に基づく農業委員会の許可が必要になります。

　農地を贈与した日（贈与契約締結日）の属する年と、農業委員会の許可があった日の属する年が異なる場合、どちらの年に贈与税の申告を行うのか問題になります。

　この点は、農地法第 3 条又は第 5 条による許可を受けなければならない農地等の贈与に係る取得の時期は、当該許可があった日後に贈与があったと認められる場合を除き、当該許可があった日によります（相基通 1 の 3・1 の 4 共 - 10）。

　申告年度を誤ると本来申告すべきであった年度で不申告となってしまうおそれがあるので留意が必要です。

（2）　贈与に際し農地法に基づく届出のみで足りる農地

　なお、市街化区域内農地の所有権の移転に際しては、農地法第 3 条又は第 5 条に基づく農業委員会の許可は不要であり、届出のみでよいことになっています。

　届出をする農地等の贈与に係る取得の時期は、当該届出の効力が生じた日後に贈与があったと認められる場合を除き、当該届出の効力が生じた日によることになっています。

2　農地を著しく低い価額で譲渡した場合のみなし贈与

（1）　相続税法第7条本文に基づく税務上の取扱い

　親族間で農地の権利を移動させる場合に、取引相場よりも著しく低い価額を対価として取引する例は少なくありません。

　著しく低い価額の対価で財産の譲渡を受けた場合においては、当該財産の譲渡時において、当該財産の譲受人が、当該対価と当該譲渡があつた時における当該財産の時価との差額に相当する金額を譲渡者から贈与により取得したものとみなすというみなし贈与規定があります（相法7条本文）。

　親族間の取引では取引価格が時価と乖離することも少なくないため、著しく低い価額でのみなし贈与規定に該当しないか留意が必要です。

（2）　譲渡の対価が著しく低い価額に該当するかの判断

　著しく低い価額の対価であるかどうかは、具体的事案に基づき個別具体的に判断することになります。

　この判断基準は、法人に対して譲渡所得の基因となる資産の移転があった場合に時価で譲渡があったものとみなされる「著しく低い価額の対価」の額の基準「資産の時価の2分の1に満たない金額」とは異なるものといわれていますが、実務上は時価の2分の1未満か否かが重要な考慮要素となっています。

　時価とは、その財産が土地や借地権などである場合及び家屋や構築物などである場合には通常の取引価額に相当する金額を、それら以外の財産である場合には相続税評価額となります。農地については通常の取引価額が明瞭でない例もあり、実務上、相続税評価額を参考時価とする例

もあります。

3　農地の共有持分を放棄した場合

（1）　税務上の取扱い

　農地を相続する際に、単独相続するのではなく法定相続分の通りに共有持分を相続する場合があります。一旦は共有したものの、主たる農業従事者が事実上確定している場合には、主たる農業従事者に共有持分を移転させて単独名義にしたいという動機から共有持分を放棄して、主たる農業従事者の共有持分を増やすことがあります。

　この場合、「共有に属する財産の共有者の 1 人が、その持分を放棄（相続の放棄を除く。）した時、又は死亡した場合においてその者の相続人がないときは、その者に係る持分は、他の共有者がその持分に応じ贈与又は遺贈により取得したものとして取り扱うものとする。」という相続税法基本通達 9 － 12 の規定に留意が必要です。

（2）　農地法上の取扱い

　共有持分を放棄した共有持分者以外の共有持分者は、贈与を受けたことになるため贈与を受けた価額が基礎控除額を超える場合には贈与税申告が必要になります。

　農地の共有持分の譲渡が親族間であっても原則として農地法第 3 条の許可が必要です。

　ところで、「共有はそれぞれ弾力性のある数個の持分権が互いに圧縮し合って存在するものと考えられるものであるから、持分の一つについて主体がなくなれば、他の持分が拡張してその間を埋めるものとする

のが共有の性質に合する」（我妻榮ほか共著（2013 年）「我妻・有泉コ
ンメンタール民法　総則・物権・債権［第 3 版］」464 頁、日本評論社）
ものと解されています。なお、「共有者の一部の者の持分放棄により他
の共有者にその持分が移転する場合は農地法第三条所定の県知事の許可
は要しないと解すべきである」とした裁判例があります（昭和 37 年 6
月 18 日青森地判・下級裁判所民事裁判例集 13 巻 6 号 1215 頁）。

7. 所有者不明農地の活用

　相続登記がなされておらず現在の所有者が不明な農地は全農地の約2割あるといわれています。相続開始から相当年数が経過すると法定相続人の中には死亡する者がでて数次相続が発生し、相続人が多数に及び相続人の探索・確定だけでも困難ということは少なくありません。

　この所有者不明農地を活用できるようにするために農地中間管理事業推進法等が改正され、令和5年4月1日に施行されました。

　この法改正により農地中間管理機構を通じて、全ての相続人の調査を経ることなく簡易な手続で最長40年間所有者不明農地を借りることが可能となりました。

　権利関係が複雑でこれまで活用できなかった農地を活用できるようになることで、今後の農業ビジネスへの活用が期待されています。

第 9 章

農地贈与税納税猶予制度

1　概要

　農地贈与税納税猶予制度は、贈与者の農業の用に供している農地の全部等を推定相続人のうちの一人に対して生前一括贈与した際に受贈者に課税される贈与税の納税を猶予し、農業後継者への生前贈与を支援する制度です。

　後継者となる受贈者は、贈与者が死亡した時に猶予されていた贈与税の納税が免除されます。後継者は、農地贈与税納税猶予制度の適用を受けていた農地について贈与者の死亡時に相続又は遺贈によって取得したものとみなされ相続税が課税されます。相続時に農地相続税納税猶予制度の適用要件を充足していればあらためて農地相続税納税猶予制度の適用を受けてさらに納税を猶予することができます。

2　農地贈与税納税猶予制度の適用要件

　農地贈与税納税猶予制度の適用を受けるためには、贈与者要件、受贈者要件、特例農地等要件の全てを充足する必要があります。

（1）　贈与者要件

　贈与者は、贈与の日まで3年以上農業を営んでいた個人である必要があります。ただし、農地贈与税納税猶予制度は、農地を生前一括贈与した場合の課税の特例であることから、以下のいずれかに該当する場合、贈与者要件を欠くことになります。

▶贈与をした日の属する年の前年以前において、推定相続人に対し相続

時精算課税を適用する農地等の贈与をしている場合

▷贈与をした日の属する年において、特例を受けようとする贈与以外に農地等の贈与をしている場合

▷過去に農地等の贈与税納税猶予制度の適用を受ける一括贈与をしている場合

（2） 受贈者要件

受贈者は、贈与者の推定相続人のうちの１人で、以下の全ての要件を充足したうえで農業委員会の証明を受ける必要があります。

▷贈与を受けた日において、18歳以上であること。

▷贈与を受けた日までに引き続き３年以上農業に従事していたこと。

▷贈与を受けた後、当該農地等において農業経営を行うこと。

▷認定農業者であること。

（3） 特例農地等要件

贈与者の農業の用に供している農地等のうち、農地の全部、採草放牧地の３分の２以上、準農地の３分の２以上について一括して贈与を受けることが必要です（なお、平成３年１月１日時点の三大都市圏の特定市の市街化区域内農地の場合には生産緑地に限り特例農地として認められます）。

準農地は、農業振興地域農用地区域内にある土地で用途区分が農地等とされている土地で10年以内に農地等にするための土地のことで、農地区分における純農地とは別のものです。一括贈与の対象に現状農地となっていない準農地が含まれている点に留意が必要です。

3　贈与税納税猶予に関する適格者証明書

　贈与税納税猶予制度の適用を受けるためには贈与税申告書を提出する際に、贈与税の納税猶予に関する適格者証明書を添付する必要があります。

　適格者証明書は、贈与者要件、受贈者要件を充足していることを証明するために贈与者及び受贈者が贈与税納税猶予制度の適用を受けるための適格者であることを農業委員会が証明する書類です。

　適格者証明書を農業委員会に発行してらうための証明願を提出した後、農業委員会が開催されるタイミングまで時間を要することもあるため、申告期限までのスケジュールに余裕をもって証明願を提出することが重要です。

4　担保権設定に関する手続

　贈与税納税猶予制度の適用を受けるためには贈与税申告書を提出する際に、納税猶予税額及び利子税に見合う担保を提供する必要があります。具体的には、担保提供書、担保目録、抵当権設定登記承諾書を相続税申告書に添付して提出することになります。

　贈与税納税猶予制度の適用を受けると特例農地等は原則として農業以外の用に供することは制限されるので、担保には特例農地等を提供することがほとんどです。

　贈与税申告書を提出すると職権で抵当権設定登記がされることになります。

5　納税猶予期限の確定

　以下の事由を贈与納税猶予制度の確定事由といい、確定事由のいずれかに該当する場合、贈与税の納税を猶予されていてた納税期限が確定し納税猶予税額の全部又は一部を納付しなければならなくなります。

▶特例農地等について譲渡等があった場合

▶特例農地等に係る農業経営を廃止した場合

▶受贈者が贈与者の推定相続人に該当しないことになった場合

▶３年ごとの継続届出書の提出がなかった場合

▶担保価値減少に伴う増担保又は担保変更の求めに応じなかった場合

▶都市営農農地等について、生産緑地法に基づく買取り申出があった場合、特定生産緑地指定の解除があった場合、都市計画変更により特定市街化区域農地等に該当することになった場合

▶特例の適用を受けている準農地について、申告期限後10年を経過する日までに農業の用に供していない場合

　なお、特例農地等について譲渡等した場合には確定事由に該当するものの、譲渡日から１年以内に当該譲渡等の対価の全部又は一部で代替農地等を取得する見込みであることについて所轄税務署長の承認を受けることで納税猶予を継続することができます（特例農地等を譲渡した場合の買換え特例）。

6　営農困難時貸付けの特例と届出

　贈与税納税猶予制度においても相続税納税猶予制度と同様に営農困難

時貸付けの特例に係る以下の手続があります。

▶贈与税の納税猶予の営農困難時貸付けの特例の届出手続

▶営農困難時貸付けの特例の適用を受けている農地等について新たな営農困難時貸付けを行った場合の届出手続

▶営農困難時貸付けの特例の適用を受けている農地等について新たな営農困難時貸付けに関する承認申請手続

▶営農困難時貸付けの特例の適用を受けている農地等について自己の農業の用に供した場合の届出手続

手続の詳細については相続税納税猶予制度の章で解説しています。

7　特定貸付けの特例と届出

贈与税納税猶予制度においても相続税納税猶予制度と同様に特定貸付けの特例に係る以下の手続があります。

▶贈与税の納税猶予の特定貸付けの特例の届出手続

▶特定貸付けの特例の適用を受けている農地等について新たな特定貸付けを行った場合の届出手続

▶特定貸付けの特例の適用を受けている農地等について新たな特定貸付けに関する承認申請手続

▶特定貸付けの特例の適用を受けている農地等について自己の農業の用に供した場合の届出手続

手続の詳細については相続税納税猶予制度の章で解説しています。ただし、相続税納税猶予制度の場合と異なり、贈与税納税猶予制度の場合には、受贈者自らが営農することを前提として贈与がされているという事情に鑑み、特定貸付けを行っても贈与税納税猶予制度の適用を継続す

るためには、納税猶予の適用を受けてから一定の経過年数を要求される場合があることに留意が必要です（利用権設定等促進事業による貸付けの場合、貸付け時65歳未満である場合は20年、65歳以上の場合は10年）。

8 納税猶予税額の免除

　納税猶予税額は、受贈者又は贈与者のいずれかが死亡した場合には、その納税が免除されることになります。この場合、贈与税の免除届出書を作成して遅滞なく贈与税申告をした管轄税務署へ提出します。

　ところで、贈与者の死亡により納税猶予税額の納税が免除された場合には、贈与税納税猶予制度の適用を受けて納税猶予の対象になっていた特例農地等は、贈与者から相続したものとみなされて相続税の課税対象となります。そのため、贈与税納税猶予制度の適用を受けて贈与税の納税を猶予されていた受贈者は、贈与者が死亡したタイミングであらためて相続税納税猶予制度の適用を受けるか否かを検討することになります。

9 納税猶予期間中の継続届出

　納税猶予期間中は贈与税申告期限から3年ごとに、引き続き贈与税納税猶予制度の適用を受けるための継続届出書を所轄税務署に提出する必要があります。

　この継続届出書には、特例農地等に係る農業経営に関する事項を記載

した明細書と、農業を引き続き行っている旨の農業委員会の証明書を添付する必要があります。継続証明を農業委員会に発行してもらうため申請から発行までの手続期間を要することを考慮しておく必要があります。

　継続届出書の提出がない場合、納税猶予税額について納税期限が確定し猶予されていた贈与税額を納付しなければならなくなります。この場合、納付すべき税額に、贈与税申告期限の翌日から納税猶予期限までの期間に係る利子税が課税されることになります。都市部の農地は納税猶予額が億を超えることも少なくなく、また、利子税の対象期間が相続税申告期限の翌日からと長期間にわたることも多く、継続届出書の提出を失念した場合に甚大な影響がでるおそれがあることから注意が必要です。

第 10 章

集落営農組織の税務

1　集落営農組織の税務の概要

　集落を単位として、農業生産過程の全部又は一部について共同で取り組む組織を集落営農組織といいます。

　集落営農組織の税務は、法人格の有無で大別できます。法人格を有する場合には法人税が課税されます。

　法人格のない集落営農組織の場合、組織の実態により税務上の取り扱いが異なります。法人格のない集落営農組織であっても、人格のない社団等に該当する場合、法人税法の規定が適用されます（法法3条）。実態として民法の組合契約の規定に基づく任意組合にすぎなければ法人税法の規定は適用されず、任意組合の損益を組合契約に基づいて構成員に按分し、構成員が収入として申告・納税することになります。

　第2節から第5節で解説する内容を整理すると次表のようになります。

名称	法人格	課税	給与支給	法人区分
農事組合法人	有	法人課税	有	普通法人
			無	協同組合等
人格のない社団等	無	法人課税		人格のない社団等
任意組合	無	構成員課税		

2　人格のない社団等とは

　人格のない社団等とは、人格のない社団と人格のない財団の総称です（法法2条1項8号）。

　人格のない社団は、多数の者が一定の目的を達成するために結合した団体のうち法人格を有しないもので、単なる個人の集合体でなく、団体としての組織を有し統一された意思の下にその構成員の個性を超越して活動を行うものをいいます（ただし、民法の組合契約の規定による任意組合や商法の匿名組合契約の規定に基づく匿名組合は除きます）（法基通1－1－1）。

　他方、人格のない財団は、一定の目的を達成するために出えんされた財産の集合体のうち法人格を有しないもので、特定の個人又は法人の所有に属さないで一定の組織による統一された意思の下にその出えん者の意図を実現するために独立して活動を行うものをいいます（法基通1－1－2）。

　人格のない社団等は、収益事業を営む場合に限り法人税が課税されます。

3　構成員課税と法人課税の分水嶺

　構成員課税となる任意組合と、法人課税とみなされる人格のない社団等の境界線は必ずしも明確ではなく不明瞭です。

　法人格のない集落営農組織に関与する場合には、まず組合規約の内容を把握し、規約が民法の組合を想定したものになっているかを確認する

ことが必要です。民法の組合を想定した規約であったとした場合、各組合員が自身の収入等として申告をしているかを把握することが重要です。構成員課税が事実上期待できない場合には申告・納税の公平という観点からは法人課税が適当とも考えられます。実態として人格のない社団として評価するようなことができる場合には、人格のない社団と認定されるリスクがあるため留意が必要です。

4 特定農業団体

　農業経営基盤強化促進法は、当該団体の構成員の所有する農用地について農作業の委託を受けて農用地の利用の集積を行う団体で、経営主体として実態のある法人化されていない組織について特定農業団体として、農地の利用集積、農作業の受託を担うことを認めています。

　特定農業団体は、以下の要件を満たす必要があります。

▶農作業を受託する組織であること

▶定款又は規約が作成されていること

▶一元的な経理を行っていること

▶その組織を変更して、その構成員を主たる組合員、社員又は株主とする農業経営を営む法人となることに関する計画を有すること

▶中心となる者の目標農業所得額が定められ、かつその額が法人化後に一定水準以上の額を満たす計画であること

　一元的な経理というのは、構成員全員で費用を共同負担（資材の一括購入等）するとともに、利益を配分（組織名で出荷・販売し、労賃等を配分）するなど、集落営農組織の経理を一括して行うことをいいます（基盤強化規 20 条の 11）。

　特定農業団体に対する課税は、任意組合に該当するか人格のない社団
等に該当するかによって異なります。特定農業団体が人格のない社団等
の場合、特定農業団体が納税義務者となります。

　なお、人格のない社団等について法人税の納税義務があるのは、収益
事業を営む場合に限ります。農協等の特定の集荷業者に対してのみ販売
するのであれば収益事業には当たらないため特定農業団体に法人税は課
税されません。もっとも、特定農業団体が不特定又は多数に販売したり、
構成員から農作業の委託を受けたりする場合には、これらが収益事業に
該当し法人税が課税されることもあるので留意が必要です。

5　農事組合法人

（1）　農事組合法人

　農事組合法人は、その組合員の農業生産についての協業を図ること
によりその共同の利益を増進することを目的とする農業協同組合法に基づ
く法人です（農業協同組合法72条の4）。

　農事組合法人は、次の事業を行うことができます。

▶農業に係る共同利用施設の設置又は農作業の共同化に関する事業（1
　号事業）

▶農業の経営（2号事業）

▶その他の附帯事業（3号事業（附帯事業））

　1号事業を行う農事組合法人を1号法人、2号事業を行う農事組合法
人を2号法人と呼ばれることがあります。組合員に出資をさせない非出
資農事組合法人は、2号事業を行うことはできません。農産物を活用し
た加工業・製造業等は2号事業に分類されるため、1号事業に該当しな

い農業以外の事業が附帯事業に該当することなります。

　なお、農事組合法人は、農地所有適格法人になることができます。

（2）　協同組合等か普通法人か

　農事組合法人は、法人税法の区分上、「協同組合等」に分類されます（法法別表第3）。ただし、事業に従事する組合員に対し給料、賃金、賞与その他これらの性質を有する給与等を支給する農事組合法人は普通法人に分類されます。

　協同組合等と普通法人のいずれに分類されるかにより、所得800万円超の部分に対する税率が異なりますので（協同組合等：19％、普通法人：23.2％）、法人区分に留意が必要です。

（3）　剰余金の配当に関する会計・税務

　農事組合法人では、剰余金が生じた場合に組合員に対して以下の配当をすることがあります。

　利用分量配当：共同利用施設の利用の程度に応じて支払われる配当

　従事分量配当：法人の事業に従事した日数等に対して支払われる配当

　出資分量配当：出資金の額に応じて支払われる配当

　事業に従事する組合員に対し給料、賃金、賞与その他これらの性質を有する給与等を支給しない農事組合法人では、利用分量配当や従事分量配当は、施設利用や労務の対価であり損金として処理することができます。

　しかしながら、事業に従事する組合員に対し給与等を支払っている農事組合法人では労務の対価として既に給与等を損金に計上しており、従事分量配当を損金に計上することができません。そのため、事業に従事する組合員に対し給与等を支払っている農事組合法人では従事分量配当

を剰余金の配当として処理し、受領した組合員は配当所得として確定申告することになります。

6　任意組合の組合事業から生じた損益

　任意組合において組合事業から生じた損益は、各組合員に直接帰属することになります。

　組合事業から生じた損益のうち、各組合員の分配割合に応じて計算した損益の負担金額である帰属損益額を、たとえ現実に損益の負担をしていない場合であっても、組合員の各事業年度の期間に対応する組合事業に係る個々の損益を計算して組合員の当該事業年度の損益に算入するのが原則です。

　ただし、組合事業に係る損益を毎年1回以上一定時期に計算し報告しており、組合員への個々の損益の帰属が発生後1年以内となっている場合には、帰属損益額は、組合事業の計算期間を基礎に計算し、組合事業に係る計算期間終了日の属する組合員の事業年度の損益に算入することが認められています（法基通14−1−1の2）。

　各組合員において、組合事業に係る個々の損益についてそれぞれ帰属損益額を個別に計算・経理していくのは煩雑です。そこで、組合事業については1年ごとに会計期間を設定して毎年1回以上報告するように規則化するのが通常であることから、組合事業の計算書類を基礎に、組合事業の最終損益に対する帰属損益額を組合員の損益に算入するのが実務上の取扱いです。

8. GAP 認証

　GAP（Good Agricultural Practices：農業生産工程管理）は、農産物の安全を確保し、より良い農業経営を実現するために、農業生産において、食品安全だけでなく、環境保全、労働安全等の持続可能性を確保するための生産工程管理の取組です。

　この GAP への取組が正しく実施されているかについて第三者機関の審査を受け、第三者に認証してもうことがあり、この認証は GAP 認証と呼ばれます。東京オリンピック・パラリンピック 2020 では、農産物の調達基準として GAP 認証が要件となっており、国際水準の安全性を保証する取組として GAP が普及しています。

　GAP 認証では認証機関により、GLOBAL　G.A.P、ASIAGAP、JGAP 等があり、GAP 認証を目指す場合、これら 3 つの GAP 認証のいずれかを目指す例が多いです。これらの他に、都道府県といった地域独自の基準を策定し生産者の安全性の取組を確認する地域 GAP といったものもあります。

第 11 章

農地所有適格法人 （農業生産法人）の会計と税務

1　農地所有適格法人とは

　法人として農地を所有するためには農地所有適格法人となる必要があります。

　平成 27 年の農地法改正で農業生産法人の制度が改正されました。農業生産法人という呼称が農地所有適格法人と変更され、要件が緩和されました。改正以前の農業生産法人の呼称が、農地所有適格法人となり、農地所有適格法人と認められる要件が緩和したことでより広い法人が農地所有適格法人となることが可能となりました。

　この改正での名称変更は、農地法上の要件があくまで農地を所有するための要件であることから、目的に合致した名称にあらためたものです。改正以前の農業生産法人という呼称に馴染みのある農業関係者は多く、現在でも農業生産法人という言葉が使用されている例は多いです。農地法では農業生産法人という呼称は使われなくなりましたが、農業生産法人という用語を使用してはならないということではないので、農業生産法人という用語を使用すること自体は問題ありません。

　ところで、農業参入のためには農地所有適格法人要件を充足しなければならないと誤解している例は見受けられますが、農地所有適格法人要件を満たさなければ法人で農業に参入できないということではありません。農地所有適格法人要件は、法人として農地を所有するための要件であり、法人として農業経営をするうえでは農地の所有によらず農地の貸借によることもできるためです。

2 　農地所有適格法人となるための要件

　農地所有適格法人として認められるためには、①法人形態要件、②事業要件、③構成員・議決権要件、④役員要件を充足する必要があります（農地法2条3項）。

〈法人形態要件〉

　農地所有適格法人の法人形態は、農事組合法人、公開会社でない非公開の株式会社、持分会社であることが必要です。

　株式会社の場合は、公開会社でないものに限定されているため、発行する全部の株式の内容として株式譲渡制限に関する定款の定めがあることが必要です。なお、持分会社は、合名会社、合資会社、合同会社の総称です。

〈事業要件〉

　農地所有適格法人は、主たる事業が農業であることが必要です。主たる事業が農業として認められるかは、直近3事業年度の農業売上高が総売上高の過半数を占めているか否かで判断することになります。

〈構成員・議決権要件〉

　法人が株式会社である場合、農地提供者である個人等、その法人の行う農業に常時従事する者、その法人に農作業の委託を行っている者等の法に規定された農業関係者の有する議決権が総議決権の過半数を占めることが必要です。

　持分会社の場合は、同様の農業関係者が社員となっており、農業関係

者である社員数が総社員数の過半数を占めていることが必要となります。

　なお、法人の行う農業に常時従事する者として認められるためには、その法人の行う農業に年間 150 日以上従事しているか、150 日に満たない場合はその法人の構成員の平均的な従事日数の 3 分の 2 以上の日数（60 日未満の場合は 60 日）以上であることが必要です。

〈役員要件〉

　法人の農業の常時従事者である構成員が理事等（農事組合法人では理事、株式会社では取締役、持分会社では業務執行社員）の過半数であること、法人の理事等又は農林水産省令の規定する重要な使用人のうち一人以上がその法人の農業に必要な農作業に年間 60 日以上従事すると認められるものであることが必要です。

　日数に関して、農業への従事日数には販売・加工等の農作業以外の時間が含まれるのに対して、農作業に関する従事日数の算定においては文字通り農作業への従事日数であって、用語が使い分けられていることに留意が必要です。

3　農地所有適格法人の子会社化に関する特例要件

　農地法第 2 条に規定する構成員・議決権要件では、法人が出資をした子会社を農地所有適格法人にすることが難しい状況です。

　しかしながら、農地所有適格法人は、農業経営基盤促進法に基づく農地法の特例を活用して農地所有適格法人を子会社化することができます。この場合、認定農業者である子会社が農業経営改善計画に親会社か

らの出資に関する事項を記載して認定を受ければ親会社の議決権を農業
関係者の議決権割合として判定することが認められます（基盤強化法
14条の2第1項）。

　また、以下の要件を満たす場合、子会社が農業経営改善計画を作成し
市町村の認定を受ければ、計画書に記載された親会社との兼務役員は子
会社の農業においても常時従事する者と同様の取扱いを受けることがで
き、中核となる農業者が複数の農業法人を兼務することができるように
なります（基盤強化法14条の2第2項）。

▶親会社が子会社の議決権の過半数を有していること

▶親会社が認定農業者である農地所有適格法人であること

▶兼務役員が親会社の行う農業の常時従事者である株主であること

▶兼務役員が子会社の行う農業に30日以上従事すること

4　農地法上の年次報告

　農地所有適格法人は、農地を所有または賃借権を設定しての耕作等を
行っている場合は、事業の状況や農地等の利用状況について、毎事業年
度の終了後3か月以内に、その法人が権利を有する農地等を所管する農
業委員会に報告することとされています（農地法6条）。

　農地所有適格法人以外の法人であっても、農地法・農業経営基盤強化
促進法・農地中間管理事業の推進に関する法律の規定に基づき、農地等
の耕作権の設定を受けた場合、毎年、事業年度終了後3か月以内に、農
地等の利用状況について、農業委員会へ報告することになっています（農
地法6条の2）。

　農地所有適格法人の年次報告では、要件を引き続き充足していること

を農業委員会が監督することができるよう、農地等の利用状況だけでなく、事業の状況や、構成員を農業関係者とそれ以外に区分して議決権の数や農業従事日数等を報告する必要があります。

　農業委員会は、報告の内容を確認し、報告した法人が農地所有適格法人要件を満たさなくなるおそれがあると認めるときは、その法人に対し、必要な措置を講ずべきことを勧告することができます。

5　農地所有適格法人要件を欠くことになった場合

　農地所有適格法人が農地所有適格法人でなくなった場合、その法人が農地等を所有していれば所有する農地は国が買収することになっています（農地法 7 条 1 項）。

　この制度は、農地所有適格法人要件を満たしていない法人が農地等を所有する状態を解消するための制度です。そのため、農地所有適格法人要件を欠いた法人が、その後要件不充足状態を解消しあらためて農地所有適格法人要件を充足することになった場合には、当該法人から農地所有適格法人要件を充足することになった旨の届出をすることが認められています。この届出が真実と認められる場合には買収手続は中止されます。

　法人での営農を継続している状況であっても、構成員や役員の死亡等で農地所有適格法人要件を欠く場合はあり得ます。農地所有適格法人要件を欠いた場合には耕作農地の所有権関係にも影響が生じ得るので、要件を欠くことがないよう常に注意するとともに、要件を欠くことになった場合には速やかに不充足状態を解消するよう留意が必要です。

6　会計と税務におけるポイント

　農地所有適格法人は、主たる事業が農業であることが必要であるため、売上高を農業に係るものと農業以外の事業に係るものに区分して把握できるように会計処理しておくことが重要です。

　なお、個人農家において認められている肉用牛の売却に係る課税特例は、農地所有適格法人の肉用牛の売却に係る所得の課税においても同様の特例が認められています（措法67条の3）。

　会社形態の農地所有適格法人要件であれば、一般的な会社と同様に普通法人として申告をすることになります。農事組合法人の場合には、組合員に対する給与等の支給の有無により協同組合等か普通法人に分類されることになります。農事組合法人については第12章第5節で解説しています。

7　農業経営基盤強化準備金

　農業経営基盤強化促進法第12条第1項に規定する農業経営改善計画に係る同項の認定を受けた農地所有適格法人を認定農地所有適格法人といいます。

　青色申告書を提出する認定農地所有適格法人が、令和7年3月31日までの期間内において、農業の担い手に対する経営安定のための交付金等の交付を受けた場合において、認定計画の定めるところに従って行う農業経営基盤強化に要する費用の支出に備えるため、損金経理の方法により農業経営基盤強化準備金として積み立てたときは、その積み立てた

金額は、当該事業年度の所得の金額の計算上、損金の額に算入すること
ができます。損金経理の方法ではなく当該事業年度の決算の確定の日ま
でに剰余金の処分により積立金として積み立てる方法により農業経営基
盤強化準備金として積み立てた場合も同様です。

　損金算入限度額は、以下の金額のうちいずれが少ない額が損金算入限
度額となります（措法61条の2）。

▶当該交付金等の額のうち農業経営基盤強化に要する費用の支出に備え
　るものとして政令で定める金額

▶当該事業年度の所得の金額として政令で定めるところにより計算した
　金額

　農業経営基盤強化準備金積立額は、積立事業年度終了の日の翌日から
5年を経過したものがある場合には、5年を経過した日を含む事業年度
において農業経営基盤強化準備金を取り崩し益金の額に算入することに
なります。

　農業経営基盤強化準備金は、積立額を必要経費に算入し、翌年から5
年間経過した後の6年目で取崩額を総収入金額に算入することで5年間
課税を繰り延べる効果があります。

8　農業経営基盤強化準備金取崩額の圧縮記帳

　農業経営基盤強化準備金を積立てた認定農地所有適格法人が、各事業
年度において、認定計画等の定めるところにより、農用地の取得をし、
又は特定農業用機械等（農業用の機械及び装置、器具及び備品、建物及
びその附属設備、構築物並びにソフトウエアでその製作若しくは建設の
後事業の用に供されたことのないもの）の取得をし、又は特定農業用機

械等の製作若しくは建設をして、当該農用地又は特定農業用機械等を当該認定農地所有適格法人の事業の用に供した場合には、農業経営基盤強化準備金を取り崩して当該農用地等の取得に充てた額につき、圧縮記帳をすることができます（措法61条の3）。

　なお、圧縮記帳で減額した価額に対し、租税特別措置法第53条第1項各号の規定する特別償却を重畳適用することはできないことに留意が必要です（措法61条の3第4項）。

第 **12** 章

農業支援補助金の処理

1　国庫補助金等の処理

　固定資産の取得や改良に充てるために国または地方公共団体の補助金や給付金などの国庫補助金等の交付を受けた場合、交付を受けた国庫補助金等の額は総収入又は益金に算入し、課税されるのが原則です。

　しかしながら、国庫補助金等に対し課税してしまうと国庫補助金等を交付した効果が低減してしまい、国庫補助金等の交付目的を達成できなくなってしまうことも懸念されます。そのため、国庫補助金受贈益と同額の固定資産圧縮損を経費又は損金として計上して交付を受けた年度において国庫補助金等に対して課税しない圧縮記帳が規定されています。

　農業分野では、固定資産の取得や改良に充てるための補助金だけでなく、資産計上の伴わない補助金を受ける機会も少なくないという特徴があります。また、将来数年にわたる計画に対して補助金が交付され、補助金交付年度と事業実施年度が別年度になることもある点に留意が必要です。

　なお、農業経営基盤強化準備金及び農業経営基盤強化準備金を取り崩した際の圧縮記帳については、第 11 章で解説しています。

2　ハード事業に係る補助金

　農業者が国や地方公共団体から固定資産の取得に充てるために国庫補助金等の交付を受け、当該補助金で補助金の目的に適合した固定資産を取得した場合、法人の場合は国庫補助金等の額に相当する金額の範囲内で固定資産の圧縮記帳が認められています。なお、個人事業主の場合に

は、国庫補助金等の額を総収入金額に参入せず、固定資産の取得価額について補助金を充当した金額として記帳して会計処理することが認められています。

3 ソフト事業に係る補助金

　農業関係の国庫補助金等には、固定資産の計上を伴うハード事業だけでなく、権利関係の調査・調整、計画策定や技術導入支援のように資産計上の伴わないソフト事業について国庫補助金等が交付されることがあります。

　ソフト事業に係る国庫補助金等は、総収入金額不算入や圧縮記帳が認められないことから、原則通り収入や益金として課税されることになります。ただし、ソフト事業に係る国庫補助金等が農業経営基盤強化準備金の対象である場合には、農業経営基盤強化準備金を積立てることにより課税を繰り延べることができます。

4 留意点

　このようにハード事業とソフト事業では、税務上の取扱いが異なることから、ハード事業に係る国庫補助金等なのか、ソフト事業に係る国庫補助金等なのかを正確に把握することが重要です。農業関係の補助金には、農地耕作条件改善事業のようにハード事業とソフト事業が複合され、合算された補助金が交付されるものもあります。

　農業関係者から補助金の処理について相談を受けた際には、「○○を

購入するのに受け取った補助金である」といった回答を鵜呑みにせずに、補助金の要綱等を確認して、ハード事業に係る補助金とソフト事業に係る補助金が合算されて支給されたものでないかということに留意することが必要です。

5　補助金交付事業年度に資産取得が完了しない場合

　ハード事業に係る国庫補助金の交付年度に対象資産の取得が完了しなかった場合、交付を受けた補助金が益金に計上される一方で圧縮記帳をすることができず、国庫補助金に課税されてしまい取得資産の購入資金が目減りしてしまうことが懸念されます。

　圧縮記帳は、国庫補助金等の交付を受けた場合に、国庫補助金等に課税することで国庫補助金交付の目的が達成できなくなる不都合を調整するために設けられた制度です。

　ハード事業に係る国庫補助金の交付目的に鑑みれば、国庫補助金等の交付事業年度に固定資産の取得ができなかった場合であっても、固定資産の取得が見込まれる限り、国庫補助金等の交付事業年度で課税関係を生じさせず、固定資産の取得事業年度において圧縮記帳を認めることが圧縮記帳制度の趣旨に合致します。

　そのため、国庫補助金等の交付事業年度末までに返還不要が確定しない場合の特別勘定による処理を準用し（法法 43 条）、特別勘定を計上して同額を損金計上し、固定資産を取得等した事業年度において当該特別勘定を取り崩して益金計上するとともに圧縮記帳をすることが認められています。

［会計処理のイメージ］

ア　補助金の交付を受けた時

　　（借）現金預金　ｘｘｘ　　　　　　（貸）圧縮未決算特別勘定　ｘｘｘ

イ　固定資産取得時

　　（借）固定資産　ｘｘｘ　　　　　　（貸）現金預金　ｘｘｘ

　　（借）圧縮未決算特別勘定　ｘｘｘ　（貸）圧縮未決算特別勘定取崩益　ｘｘｘ

　　（借）固定資産圧縮損　ｘｘｘ　　　（貸）固定資産　ｘｘｘ

9. フードテック推進と昆虫食

　世界の食糧需要は、2050年に2010年比え1.7倍になるという想定データがあり、世界的な食糧需要の増大に対応した持続可能な食糧供給の実現が求められています。

　また、国内では人口減少、高齢化の進展に伴う人材確保難のなか、原材料価格高騰等も影響し、食品産業の生産性向上が重要になっています。

　このような背景からフードテックを推進する必要性が高まっており、フードテック推進を政策的に後押しする動きも増えています。

　フードテックの主な分野には以下のようなものがあります。

▶植物由来の代替タンパク質

▶ゲノム編集食品

▶昆虫食・昆虫飼料

▶細胞性食品

▶ヘルスフードテック

▶スマート食品産業

▶アグリテック

　昆虫食については、しばしば話題になることがありますが、執筆時点では心理的抵抗感の強いという方が多い印象です。中長期的な政策視点で推進されているものなので、今後様々な取組が見込まれておりビジネスチャンスも見込まれる領域です。

第 13 章

農業ビジネスの事業構造

1 モデル計算式

（1）　営業利益の構成要素

営業利益の基本的な構造は以下の算式で表現できます。

営業利益　＝　売上高　－　（売上原価　＋　販売費及び一般管理費）

営業利益を増やしていくためには、①売上高を増やす、②売上原価や販売費及び一般管理費といったコストを減らす、といった対応が必要ということになります。

（2）　売上高の構成要素

売上の基本的な構造は以下の算式で表現できます。

売上高　＝　販売単価　×　販売数量（≒生産量）

農業生産者の場合、販売数量については農産物の生産量が上限となる点に留意が必要です。生産量が上限となると記載したのは、生産量の全てを販売できることはほとんどないためです。卸売業者への販売は、流通規格に則った農産物に限られてしまい、規格から外れたB級品やC級品はそもそも流通経路への販売機会がないということも少なくありません。しかしながら、収益構造をシンプルにモデル化するうえで生産量と販売数量が一致するという前提で算式を展開します。

生産量は、単位面積当たりの収穫量と耕作面積の積で表現することができます。

生産量（≒販売数量）　＝　収穫量（kg／㎡）　×　耕作面積（㎡）

これを売上高の式に代入すると以下のようになります。

売上高　＝　販売単価　×　［収穫量（kg／㎡）　×　耕作面積（㎡）］

収穫量は、単位面積当たりの生産効率を示す指標ですが、農業者によっ

てばらつきはあるにしても農業者によって顕著な差異が生じにくい部分
です。そのため、単位面積当たりの収穫量を 10％増やそうとするより
も、耕作面積を 10％増やした方が生産量は簡単に伸ばすことができま
す。生産量が増えれば販売数量も増やすことができますので売上高の増
加につながります。このような背景から、意欲的な農業者は耕作面積の
拡大を志向していく傾向にあります。

　なお、生産量と販売数量が一致するという前提を排除し、生産量の一
部に販売不能品等があることを考慮すると以下のようにあらわすことが
できます。
売上高　＝　販売単価　×　［(収穫量　−　販売不能品量)　×　耕作面積］

（3）　費用の構成要素

〈製造原価：材料費〉

　材料費としては、種苗費、肥料費、農薬費、敷料費、諸材料費等が発
生します。

　農産物の一部から種取りをすれば種苗費を抑えられると考える方は少
なくありませんが、Ｆ１種と呼ばれる現在一般的に流通する農産物は種
取りをしても同じ農産物が育成できないことから、毎年種や苗を購入す
るのが実務的です（固定種の栽培であれば種取りをして事業消費するこ
とで種苗費を抑制することはできます）。

〈製造原価：労務費〉

　労務費としては、賃金手当、雑給、賞与、法定福利費、福利厚生費、
作業用被服費等が発生します。

　農業は、現状、極めて労働集約的なコスト構造になっています。効率
化により労務負担を減らしていくのが多くの事業者における経営課題で

す。ロボット技術やＩＣＴといった先端技術を活用したスマート農業といったでは労務費負担や経費負担を減らすことが期待されています。

〈製造原価：経費〉

経費としては、消耗品費(少額な農具費用等含む)、修繕費、水道光熱費、農業共済掛金、地代・賃借料、租税公課、減価償却費等が発生します。

〈販売費及び一般管理費〉

農業分野で特徴的な費用、例えば直売所や市場等の販売手数料、出荷用包装材料等経費（荷造運賃）等の他、農業分野に限定されない一般的な販売費及び一般管理費が発生します。

（４）　農業ビジネスのモデル計算式

以上をまとめると農業ビジネスの営業利益は以下のように表現することができます。

営業利益　＝　販売単価×［(収穫量（Kg／㎡）－　販売不能品量)
　　　　　　　×　耕作面積（㎡）］　－　［材料費　＋　労務費　＋
　　　　　　　経費　＋　販売費及び一般管理費］

営業利益を増やそうとする場合、以下の方法があるということがわかります。

▶販売単価を上げる

▶単位面積当たりの収穫量を増やす

▶販売不能品量（ロス）を減らす

▶耕作面積を増やす

▶コストを下げる

（5）　コストベネフィット分析

　有機農業にこだわりたい、トレーサビリティを確保して消費者の信頼を得たい、といったように農業経営者は様々な取組を検討します。

　税理士やコンサルタントとして関与する場合、これらの取組が損益のどのような要素に影響するのか、取組によってどの程度の利益が生じるのかといた助言ができることが必要です。

　有機農業にこだわりたい、トレーサビリティを確保して消費者の信頼を得たいといったような場合、前述の営業利益を増やそうとする場合の販売単価を上げる対応に該当します。これらに取組まない場合と取組む場合の単価上昇はどの程度か、取組むことによるコストを上回るのかといった損益計画の検証が有効です。

　異業種から新規に農業に参入する事業者のうち少なくない事業者は業績がふるわず事業譲渡をしたり撤退したりといった事態になっています。計画段階から営業利益をきちんと確保できるか検証したうえで、計画を上回るように計画を実行していくことが安定した農業経営のためには不可欠です。

2　六次産業化

　農業の売上高ひいては営業利益が耕作面積に大きく依存する構造ではあるものの、土地は有限な経営資源であり、自由に耕作面積を増減させることは難しいというのが実情です。また、農業者にとっても現実的に耕作可能な耕作面積には限界があります。そこで農産物の生産・販売という営業活動から枠を広げるために六次産業化を目指すことになるのが

一般的です。

　六次産業化は、一次産業としての農林漁業と、二次産業としての製造業、三次産業としての小売業等の事業との総合的かつ一体的な推進を図り、地域資源を活用した新たな付加価値を生み出す取組です。X次産業の１＋２＋３でも１×２×３でも６になるので六次産業化と呼ばれています。

　農林水産省の統計である六次産業化総合調査では、調査対象事業を以下のように分類しています。

⑴　農産加工（農産物の加工を営む農業経営体及び農業協同組合等が運営する農産加工場）

⑵　農産物直売所（農産物直売所を営む農業経営体及び農業協同組合等が運営する農産物直売所）

⑶　観光農園（観光農園を営む農業経営体）

⑷　農家民宿（農家民宿を営む農業経営体）

⑸　農家レストラン（農家レストランを営む農業経営体及び農業協同組合等が運営する農家レストラン）

　農林水産省の統計は平成 23 年から継続実施されており、平成 23 年当時の状況を踏まえて調査事業が設定されています。近年では当初想定されていなかったような六次産業化事例も出てきています。営農者がより高い付加価値を生み出すための取組という側面だけでなく、二次産業者や三次産業者が農業参入して六次産業化を目指すという例も増えています。

　農産物を加工して販売するというのが六次産業化の典型例です。農産物を加工し販売する場合、農産物をそのまま販売するよりも付加価値をつけて高単価で販売することが可能になるだけでなく、自分が生産した農産物だけでなく農産物自体を仕入れて加工して販売することで販売量

を増やすことにもつながります。

3 農業融資

（1） 農業制度資金

国や地方公共団体が JA（農業協同組合）関係の金融機関や日本政策金融公庫に利子助成することで、金融機関が農業者に対し一般事業者向け融資よりも有利な条件で融資が可能となっています。

認定農業者等の制度資金対象者は、利子補給を受けることができたり、無担保・無保証でも低利の借入が可能になったり、一般事業者に比べて有利な条件で資金調達が可能となります。

また、制度資金を活用できない場合でも信用農業協同組合（以下、「信農連」といいます。）が農業者向けの独自の融資商品を提供している例もあり、農業者は有利に資金調達ができます。スーパーL資金は農業者以外にも有名な農業制度資金です。

（2） 日本政策金融公庫

日本政策金融公庫のウェブサイトから農業系の主要資金の情報を整理しました。概略をつかむ目的で情報を整理しているので融資限度額の特例といった情報といったように記載を割愛した情報もあります。また、最新の情報や正確な情報・条件等は金融機関にご確認ください。

認定農業者や認定新規就農者が対象の制度資金が多くあります。認定新規就農者については第2章第7節で解説しています。

資金名	使途	利率	融資限度額	返済期間	対象者
スーパーL資金	農地等、施設・機械、果樹・家畜等、経営費	一般：0.55％～1.10％特例：0％	個人：3億法人：10億	25年以内（据置10年内）	認定農業者
経営体育成強化資金	農地等、施設・機械、果樹・家畜等、経営費、償還負担の軽減	1.10％	個人：1億5000万法人：5億	25年以内（据置3年内）	主業農業者、認定新規就農者、他
農業改良資金	連携先農業者の農業経営関連施設、認定中小企業者の加工・販売施設	無利子	個人：5000万法人：1億5000万	12年以内（据置5年内）	農商工等連携促進法の認定を受けた認定中小企業者、農商工等連携促進法等の認定を受けた農業者等
青年等就農資金	施設・機械、果樹・家畜等、借地料、経営費	無利子	3700万	17年以内（据置5年内）	認定新規就農者

スーパーW資金	設備資金、関連費用	1.10%	事業費の80%以内	設備資金：25年以内（据置5年内）関連費用：10年以内（据置3年内）	認定農業者が加工・販売等を行うために設立した法人（アグリビジネス法人）
農林漁業セーフティネット資金	災害、社会的・経済的変化による経営状況の悪化等への対処	0.55%〜1.05%	600万	15年以内（据置3年内）	認定農業者、認定新規就農者、他

（日本政策金融公庫ウェブサイトを参考に筆者作成（作成年月日＝令和5年10月30日））

（3）JA関係の農業融資

　JA関係の融資は地域のJAと連携して各都道府県を管轄する信農連が提供しています。

　都道府県の信農連により貸出条件が異なる場合はあるものの、JA関係では農業関係資金として次表の融資があります。また、都道府県により独自の融資商品がある場合もあります。

JA バンク：農業関係資金一覧

名称		区分	資金使途	対象者
農業近代化資金	農業の「担い手」の経営改善のための長期で低利な制度資金	長期	機械、施設、長期運転資金	認定農業者、認定新規就農者、担い手
農業経営改善促進資金（スーパーS資金）	農業経営に必要な運転資金を低利で提供する短期の制度資金	短期	運転資金	認定農業者
アグリマイティー資金	農地・設備の取得・拡張、設備・機具購入から短期の運転資金まで、農業に関するあらゆる資金ニーズに対応できるJAバンク独自の資金	長期・短期	農地、機械、施設、長期運転資金	認定農業者、認定新規就農者、担い手、他

JA農機ハウスローン	農業生産向上のため農業機械等を取得するに際し、迅速かつ簡便な審査で、借入できる融資商品	長期		機械、施設資金	認定農業者、認定新規就農者、担い手、他

(JAバンクウェブサイトを参考に筆者作成（作成年月日＝令和5年10月30日）)

　スーパーS資金は、設定借入枠内で複数回の借入と返済ができる点に特徴があります。

4　農業従事者の確保

（1）　農業ビジネスにおける人材の確保

　農業は、機械化やスマート農業といった労働量を軽減する施策が進展しているものの、いまだに労働集約型産業であり、農作業を担う人材の確保は重要です。

　農業ビジネスにおける人材の確保でしばしば使われる手法として、農の雇用事業、就労継続支援事業、特定技能実習があります。いずれの手法も、農作業を担う人材を確保しつつ、人件費負担を抑制することができるメリットがあります。

（2）　農業人材力強化総合支援事業・農の雇用事業

　農業界は高齢化が急激に進展しているといわれており、持続可能な力強い農業を実現するためには、次世代農業者の育成・確保の取組みが不可欠です。

　このような背景から、新規就農者への支援や、法人雇用就農の促進の取組が制度化されています。

　農の雇用事業は、農業法人等が実施する以下のような実践研修について補助金を交付し支援する取組です。

▶新規就農者を雇用し、技術・経営ノウハウ等を習得させるために実施する研修

▶職印等を次世代の経営者として育成するために、国内外の先進的な農業法人や異業種の法人へ派遣して実施する研修

　農の雇用事業は、雇用主としては研修生を雇用して、研修生に農作業を実施してもらうことで労働力を確保でき、補助金の交付を受けることで人件費負担を軽減することができるメリットがあります。また、研修生は新規就農を希望する者であり、技術・経営ノウハウを実践的に学ぶ機会を得られるメリットがあります。

（3）　障害者総合支援法に基づく就労系障害福祉サービス

　農業ビジネスの現場において、就労移行支援、就労継続支援Ａ型、就労継続支援Ｂ型といった障害者の日常生活及び社会生活を総合的に支援するための法律（以下、「障害者総合支援法」といいます。）における就労系障害福祉サービスを活用して人材を確保する例が見受けられます。

　就労移行支援は、就労を希望する障害者であって、一般企業に雇用されることが可能と見込まれる者に対して、就労に必要な知識及び能力の向上のために必要な訓練を一定期間行うものです。

　就労継続支援Ａ型は、一般企業に雇用されることが困難であって、雇用契約に基づく就労が可能である者に対して、就労に必要な知識及び能力の向上のために雇用契約の締結等による就労の機会の提供及び生産活動の機会の提供を一定期間行うものです。

　就労継続支援Ｂ型は、雇用契約の締結を前提としたＡ型に対し、雇用契約の締結をせずに就労機会・訓練の機会を与える支援です。雇用契約を前提としないため、支払われるお金についても賃金ではなく工賃という形で支払うことになります。

　障害者総合支援法における就労系障害福祉サービスの中でも雇用契約の締結をしない就労継続支援Ｂ型を活用して、作業内容として農作業をしてもらうという例が多く見受けられます。農福連携の手法としても、就労継続支援Ｂ型を活用した農作業では好事例が多い印象です。

（4）　技能実習制度

　技能実習制度は、外国から実習目的で技能実習生に来日してもらい、最長5年間耕種農業のうち施設園芸や畑作・野菜・果樹等の業務に従事してもらう仕組みです。技術移転を通じた開発途上国への国際協力を名目としていますが、実態としては人手不足の業界に対する労働力の確保の側面が強いのが実情です。1993年に創設された制度であり、制度開始後30年がたっています。

　技能実習生の受入れは企業単独で海外の企業から職員等を受け入れて実習する方式もありますが、令和4年度外国人技能実習機構業務統計では98.2%が団体監理型での受け入れとなっています。団体監理型は、事業協同組合等の非営利監理団体が海外との窓口となって技能実習生を受け入れ、当該監理団体の構成員等になっている企業等で技能実習を実施する方式です。

　農業分野での技能実習の対象は、耕種農業と畜産農業の２職種について、耕種農業で施設園芸、畑作・野菜、果樹、畜産農業で養豚、養鶏、酪農の６作業が対象となっています。

　技能実習は雇用契約を締結して労働させるのとは違う法律関係と誤解している経営者も見受けられますが、技能実習生には、日本人労働者と同様に労働関係法令が適用される点に留意が必要です。

（5）　特定技能制度

　特定技能制度は、深刻化する人手不足に対応するため、生産性向上や国内人材の確保のための取組を行ってもなお人材を確保することが困難な状況にある特定産業分野において、一定の専門性・技能を有し即戦力となる外国人材を受け入れる制度です。

　農業関係では、農業、飲食料品製造業、外食業の３分野が特定産業分野となっており、特定技能制度で外国人材の受入れが可能です（なお、農林水産省所管では、これらの３分野の他に漁業も特定産業分野になっています）。

　在留資格である特定技能には、特定産業分野に属する相当程度の知識又は経験を必要とする技能を要する業務に従事する外国人向けの特定技能１号と、特定産業分野に属する熟練した技能を要する業務に従事する外国人向けの特定技能２号があります。１号は在留期間の更新が５年までに制限されている一方、２号では在留期間の更新の上限が設定されていません。

　２号については特定産業分野のうち建設分野と造船・舶用工業分野の溶接区分のみが対象となっていたものの、令和５年６月の閣議決定により、ビルクリーニング、素形材・産業機械・電気電子情報関連製造業、自動車整備、航空、宿泊、農業、漁業、飲食料品製造業、外食業の９分

野と、造船・舶用工業分野のうち溶接区分以外の業務区分全てを新たに
特定技能2号の対象とすることとしました。農業でも特定技能2号が対
象となったことで、長期雇用を前提とした外国人就労者の採用等も今後
想定されます。

10.　農業では労働時間・休憩・休日に関し労働基準法の適用がない

　労働基準法は、法定労働時間として、１日８時間以内、１週40時間以内を定めています。そして、法定労働時間を超えた労働をさせる場合には、時間外労働等に関する協定届（いわゆる36協定）を所轄労働基準監督署に提出する必要があります。また、労働基準法は、休憩時間について労働時間が１日６時間を超える場合には労働時間が８時間以下の場合には少なくとも45分、労働時間が８時間を超える場合は少なくとも１時間の休憩時間を与えなければならないと規定しています。

　ところが、労働基準法は、農業従事者に対し、労働時間、休憩及び休日に関する労働基準法の規定を適用しないことを定めています（労基法41条）。そのため、農業従事者は、繁忙期に休みなしに労働させ、農閑期にまとめて休日を与えるといった一般事業においては労働基準法違反になるような労務管理も労働基準法に違反することなく可能です。

　農業関係者の中には、農業では労働基準法が適用されないと考えている方も見受けられますがこれは誤解です。農業で労働基準法の適用除外されるのは労働時間、休憩及び休日に関する規定のみですので、その他の労働基準法に基づく規制は適用されることに留意が必要です。

　また、六次産業化をしている場合、農業以外の事業を含むことになります。農業以外の事業では労働基準法の規定がすべて適用される点に留意が必要です。なお、労働基準法は、事業場単位で適用されます。業種の判定も事業場ごとに行うことになるので、六次産業化をするが労働時間等の労働基準法の規定の適用除外をしたいという場合には、農業のみ

の事業場を設定し、第二次産業・第三次産業に属する事業は農業とは別の事業場に設定するといった工夫が必要です。

第 14 章

農業ビジネス類型別の
ポイント

1　農家レストラン

ビジネスモデル

農業者Xは、農園の一部に建物を建築し、当該建物において農園でとれた新鮮野菜のサラダを看板メニューにしたレストランの経営をしている。

（1）　ビジネスの背景や狙い

農業者が、自己の農産物を調理したレストランで料理を提供することで、取れたての新鮮な食材を使用した付加価値の高いレストランサービスを提供することができます。

自己の農産物を使用することで外部からの食材仕入コストを抑制することもできるため、コスト面での優位性があります。また、市場に卸すことのできない規格外の農産物を調理して提供することで、市場に卸すことができず収入にならなかった農産物を活用することができるメリットがあります。

顧客にとっては、農産物生産者が食べ時を見極めて収穫して調理した料理を食べることができる魅力があります。

（2）　ポイント：国家戦略特区から全国へ

令和元年の農業振興地域の整備に関する法律改正（令和2年3月施行）により、これまで国家戦略特区において認められていた特例が全国展開され、農業者が自己の生産する農畜産物に加え同一市町村内又は農業振興地域内で生産される農畜産物を主たる材料として調理して提供する場合は、農家レストランを農用地区域内に設置することが可能となりまし

た。

　今後、農業者が農家レストランを開業する例が増えていくことが見込まれています。

（3）　農地法関係の留意点

　個人農家は自身の所有する土地の一部に農家レストランを設置することがほとんどです。非農地にレストランを設置する場合には農地法上の問題は生じませんが、所有する農地に農家レストランを設置したいといった場合には農地法上の問題があります。

　所有する農地の一部に建物を建築し農家レストランにする場合、農地を農地以外の目的に転用するために農地法第4条の許可を得る必要があります。なお、市街化区域内農地では届出のみで農地を転用することができます（農地法4条）。

　建物を建築しようとする農地が生産緑地指定されている場合、生産緑地地区内では市町村長の許可を得なければ建物を建築することができません（生産緑地法8条1項1号）。許可することのできる建築物は、生産・集荷施設、貯蔵・保管施設、共同利用施設、休憩施設等に限定されていましたが、平成29年の生産緑地法改正で製造・加工施設、販売施設、農家レストランが追加されました。そのため、生産緑地の保全に著しい支障を及ぼすおそれがなく法令に定める基準に適合していれば生産緑地地区内農地であっても農家レストランを建築することができます。

　令和元年度の農業振興地域の整備に関する法律改正（令和2年3月施行）により、一定の要件を満たした農家レストランについては農業用施設として取扱い、農業振興地域農用地区域内でも設置することができるようになりました。一定の要件としては、農業者が設置・管理するということや、自己や地域の農産物等を主たる材料として調理したものを提

供すること等がありますが、地域の実情により異なりますので市町村へ
確認することが必要です。

（4）　税務上の留意点

　転用する農地について相続税納税猶予制度の適用を受けている場合に
は、当該特例農地に係る農業経営を廃止した場合という納税猶予期限の
確定事由に該当し、当該特例農地に係る農地等納税猶予税額を納付しな
ければならなくなります。この場合、猶予されていた相続税額の納税に
加えて、相続税の申告期限の翌日から納税猶予期限確定日までの期間に
応じた利子税を負担することになります。

　生産緑地法改正によって生産緑地地区内に農家カフェ・レストランの
建築ができるようになっていますが、生産緑地地区内での行為制限が緩
和されたことと、相続税納税猶予制度の確定事由は直接関係がありませ
ん。相続税納税猶予制度の確定事由に留意し、想定外の相続税負担が生
じないようにする必要があります。

2　自社農場（飲食業等他業種からの農業参入）

ビジネスモデル

　Xは、飲食事業者として10店舗のレストランを運営している。

　良質な食材を安定調達するために甲県乙市で自社農場を開設し、農業生産に参入することとした。

（1）　ビジネスの背景や狙い

　飲食店経営者が、自社農場で野菜を生産し、生産した新鮮な野菜を自社店舗で調理して料理提供する例は多く見受けられます。自社農場を持つことで飲食店経営者は、特殊な料理に使用する一般流通しにくい希少な食材を自ら生産して確保することができるようになったり、食べ頃に収穫して新鮮で美味しい最適なタイミングで調理することができるようになったりするなど様々なメリットがあります。なお、市場流通する農産物の多くが、流通過程で時間経過することを織り込んで収穫時期をコントロールしている関係で一番美味しいタイミングでの収穫となっていない場合は少なくありません。

　飲食店経営者でなくとも、たとえば食品加工業者であれば、農産物の安定調達が経営の重要課題であり、安価で良質な農産物を安定的に調達するこが可能となるメリットがあります。

　なお、自社農場という言葉を明確に定義したものがなく、多義的に使用されているのが実情です。例えば、飲食店経営者が所有又は賃借した農地を自社農場と呼ぶ場合だけでなく、契約農業者に自社の生産計画に沿った生産をしてもらいその生産物の全量を予め約定した価格で買い取るといった契約農家のような形態について自社農場と呼んでいる例も見

受けられます。

（2）　農地法関係の留意点

　飲食店経営者の認識として、「借りた農地」という場合であっても、農地法第3条の許可を受けていない場合もあります。飲食事業者が、農地を借りたという根拠として賃貸借契約書を持っているような場合であっても、農地の賃借には農地法第3条の許可を要し、農地法の許可が効力発生要件となっていることに留意が必要です。

（3）　税務上の留意点

　「借りた」という話にはなっているが農地法の許可を得ていないというケースには、許可を受けなければならないということを知らなかったという場合のみならず、相続税納税猶予制度の適用を受けており納税猶予期限の確定をすることを避けたいという制約から許可申請できないというケースも少なくありません。

　後者のようなケースにおいて、農地を借りたものとして会計処理し、税務申告した場合、相続税納税猶予期限の確定事由に該当するという指摘を受けることによって農地所有者に対して当事者が意図しないような不利益が生じることも考えられます。

　相続税納税猶予制度の適用を受けている事情から農地法の許可申請をすることができないといった場合には、賃料として会計処理するのではなく、当該農地から生産される農産物の買取の対価として金銭を支払ったものとして会計処理することも考えられます。とはいえ、恣意的に会計処理を選択することは許容されないので、事業開始の段階から納税猶予期限の確定事由に抵触しないようにビジネススキームを設計しておくことが重要です。

3　移動販売・ケータリング

ビジネスモデル

　Xは、果樹や路地野菜の生産農家をしている。これまで軽トラックでの移動販売をしていたが、キッチンカーを導入し、マルシェや音楽フェス等で地元野菜を使った料理の販売をしている。

（1）ビジネスの背景や狙い

　農業者の売上高は、収穫量に大きく依存します。販売単価の上昇を目指すといっても限界があるため、売上高を伸ばそうとすると自己の農産物を販売するだけでは限界があります。この生産者としての限界を破るため、農産物を加工して販売したり、食材を仕入れて加工して販売したりすることで、収穫量に依存しない売上高の稼得を目指します。

　移動販売には、マルシェ等のイベントに出向いて農産物を直接販売する方法だけでなく、キッチンカーのように調理設備のある移動車両で飲食料品を販売する方法もあります。

　集客力のあるイベントでは、高い単価で多くの販売をすることも可能であり、短期間に集中して利益を稼得できるメリットがあります。

（2）農地法関係の留意点

　特になし。

（3）税務上の留意点

　飲食料品の譲渡ではなく、食事の提供に該当する場合には軽減税率は適用されません。「食事の提供」とは、飲食設備のある場所において飲

食料品を飲食させる役務の提供をいいます。飲食設備とは、飲食料品を
提供する事業者が設置したものでなくても、設備設置者と飲食料品を提
供している事業者との間の合意等に基づき、その設備を顧客に利用させ
ることとしている場合は、これに該当します。

　誰でも利用できる公園のベンチのそばで販売し、購入者が当該ベンチ
で飲食する場合には、通常ベンチの設置者との間で顧客に利用させるこ
ととする合意はないので、軽減税率の適用対象となります。移動販売事
業者を誘致するイベント等では、イベント主催者との間で設備設置に係
る合意がある場合もあるので留意が必要です（消基通 5 － 9 － 8 ）。

4　観光農園

ビジネスモデル

　Xは、ビニールハウスでいちごを生産している。

　いちごの収穫シーズンになると、いちご狩りの募集を行い、来場者から入園料を得ている。

（1）　ビジネスの背景や狙い

　観光農園は、農業経営体が観光客等の第三者に、ほ場において自ら生産した農産物の収穫等の農作業を体験又はほ場を鑑賞させ、料金を得る事業です。体験農園と呼ばれることもあります。

　農業者の売上高は、農産物の収穫量と販売単価に大きく依存します。観光農園で来場者から得る収入は、農産物の販売に対する対価ではなく、農業体験というサービスに対する対価です。サービスに対する対価を稼得することにより農産物を販売するだけの売上高よりも大きな収益を稼得することができます。観光農園の来場者に対しては、収穫物や加工品の物販も期待することができ、サービス収益だけでなく、物販による売上高の稼得も期待することができます。

（2）　農地法関係の留意点

　観光農園の中核となるほ場についてはほ場管理をきちんとしていれば観光農園として来場者に利用をさせたとしても農地法上の手続は必要ありません。

　来場者のためにトイレを設置したり、販売所を設置したりする場合、

その敷地に農地をあてようとする場合には、農地転用許可が必要になります。ただし、農業振興地域の農用地区域内農地や集団的な優良農地においては、原則として転用許可がされないので留意が必要です（農地法4条6項）。

（3）　税務上の留意点

　果樹園等での入園料に係る消費税は、来場者に果物を収穫させ、収穫した果物をその場で飲食させるといった役務の提供に該当するため、軽減税率の適用対象とならず標準税率を適用します。収穫した果物について別途対価を徴している場合のその果物の販売は、「飲食料品の譲渡」に該当するため、軽減税率の適用対象となります（国税庁　「消費税の軽減税率制度に関するQ＆A（個別事例編）」Q32）。

　観光農園の入園料は軽減税率の適用対象とならず標準税率を適用するという点については、取扱いを誤解する農業者もいるので留意が必要です。

5 農家民宿・農泊

ビジネスモデル

Xは、少品種に絞って効率的に露地野菜生産を行う農業者である。

Xは、母屋に近接した場所にある離れの家屋を改装して、農村体験を希望する者に対し宿泊場所を提供している。

（1） ビジネスの背景や狙い

農家民宿とは、農業経営体が旅館業法に基づく旅館業の許可を得て、観光客等の第三者を宿泊させ、自ら生産した農産物や地域の食材を用いた料理を提供し、料金を得る事業です。旅館業、ホテル営業よりも簡易な簡易宿所営業許可を得て運営します。なお、住宅宿泊事業法の届出をして行ういわゆる民泊で宿泊サービスを提供する方法も考えられます。

政府は、農村振興の一環としてグリーン・ツーリズムを推進する方針であり、農林水産省が「農泊ポータルサイト」を開設して農家民宿・農泊の情報提供をしています。今後、農家レストランと同様に農業振興地域農用地に宿泊施設を設置できるような規制緩和が検討されています。

（2） 農地法関係の留意点

農家民宿は、農地自体に宿泊させるのではなく、農地に隣接又は付随した既存家屋に宿泊させるケースがほとんどだと思われます。そのため、農家民宿では農地に対する権利設定等が生じることは想定されず農地法上の論点が問題になることはほとんどありません。

しかしながら、新たに宿泊施設を設置しようとする場合には、敷地と

して農地を活用とする場合には農地転用許可が必要になるほか、農業振興地域農用地であれば原則として宿泊施設用地には転用できないといった課題があります。

　宿泊者に対し、継続的に農業体験をさせるために農地に利用者毎の区画を設ける等の工夫をするような場合には貸農園に述べるような農地法上の問題には留意ください。

（3）　税務上の留意点

　住宅の貸付けは非課税取引とされています（消法 6 条、別表 1 ⑬）。もっとも、住宅の貸付期間が 1 か月に満たない場合及び当該貸付けが旅館・ホテル営業、簡易宿所営業及び下宿営業に係る施設の貸付けに該当する場合には課税取引となります（消令 16 条）。農村留学といった名目で宿泊期間が 1 か月を超える期間に及ぶ場合であっても課税取引となるので留意が必要です。

　宿泊者を対象に宿泊料金に対して一定額の宿泊税が課税される地域があります。宿泊税の課税対象地域の宿泊事業者は宿泊料金とは別に宿泊税を徴収し、地方自治体に納税することが必要になります。

6　市民農園（貸農園）農地所有者

ビジネスモデル

　Ｘは、首都圏に農地を有する都市農業者である。

　高齢化で農地の管理を一人で担うことを負担に感じており、近隣住民から畑で野菜を育てたいという要望も多いことから市民農園を開設し、近隣住民に畑を使ってもらうこととした。

（1）　ビジネスの背景や狙い

　市民農園は、農業者以外の一般市民が、レクリエーションや生きがいづくり、体験学習等の多様な目的で、野菜等を育てるための小面積の農園です。貸農園ともいわれます。

　農地所有者は、市民農園として提供しようとする農地を、利用者のために区分して、各区画について利用者と契約して市民農園を運営します。

　市民農園のビジネスモデルには、農園利用方式による方法と、特定農地貸付法による方法に大別できます（これらの他に施設整備を要する市民農園整備促進法による方法もありますが、開設者と利用者との権利関係の基本は農園利用方式や特定農地貸付けに関する農地法等の特例に関する法律による方法がベースになります）。

　農園利用方式は、利用者が農園を借りるのではなく、農作業・農業体験をするサービスを利用するという市民農園のビジネスモデルです。

　これに対し、特定農地貸付けに関する農地法等の特例に関する法律による市民農園は、開設者が利用者に対し農園区画を貸付けて、利用者が借りた農園で野菜等を育てるビジネスモデルです。

　農地の貸借には農地法上・税務上留意すべき事項が多く、農園利用方式では貸借を前提としないことから農地法や税法の規制に抵触することを回避できるメリットがあります。そのため、相続税納税猶予制度による影響の大きい都市部の市民農園では、農園利用方式による方法で多くの市民農園が開設されています。

（2）　ポイント：農園の開設手続

　特定農地貸付けに関する農地法等の特例に関する法律による開設をする場合、開設者と農地のある市町村との間で貸付協定を締結したうえで、開設者が貸付規程を作成し貸付協定を添付して農業委員会に申請し、農業委員会の承認を得る必要があります。

　農園利用方式による開設の場合には、法律上特に定めはありません。そのため、利用者との農園に関するルールを自主的に決めて利用者を募集して開設することになります。

（3）　農地法関係の留意点

　農地の貸付けには農地法第 3 条の許可が必要となるのが原則です。

　農園利用方式による場合、農地法の規制に抵触しないためには、農地の貸付けに該当しないよう、農作業の実施・農業体験サービスの利用といった建前を崩さないことに留意して市民農園サービスを設計することが必要です。

　特定農地貸付けに関する農地法等の特例に関する法律による開設手続を行い、農業委員会の承認を得た開設者は、承認された農地について承認された特定貸付けをしても農地法 3 条の許可が不要となります（特定農地貸付法 4 条 1 項）。

（4）　税務上の留意点

　市民農園需要の高い地域は人口が多い都市部に集中しており、市民農園需要の高い農地の多くは地価が高く、相続税納税猶予制度の対象農地となっていることが多いです。

　農地の貸付けは、相続税納税猶予制度の確定事由となり、納税猶予が打ち切りとなってしまいます。農園利用方式による貸農園開設は、相続税納税猶予制度の適用を受けている農地について引き続き納税猶予を受けながら市民農園利用するために、貸付けに該当しないという前提の下で市民農園開設するものです。

　市街化区域外農地であれば、農業経営基盤強化促進法等に基づく特定貸付けが行われた場合は、納税猶予は打ち切りになりませんが、特定貸付けは農地を集約してまとまりのある形で農業者に利用させることを意図する制度であることから市民農園の開設で利用することは通常ありません。

　しかしながら、市街化区域内農地のうち生産緑地指定を受けている農地について農園用地貸付けを行った場合には納税猶予を継続することも可能です。相続税納税猶予の適用を受けている特例農地等について農園用地貸付けを行った場合、2か月以内に「相続税の納税猶予の認定都市農地貸付け等に関する届出書」を所轄税務署長に提出することで相続税納税猶予制度の適用を継続することができます。

　農園利用方式によって利用者から金銭を受領する場合、これは土地の貸付けの対価ではなく農園サービスの利用の対価です。そのため、消費税法上は課税売上に該当することに留意が必要です。特定農地貸付けの場合、農地の貸付けの対価は非課税取引となります。

7　市民農園（貸農園）運営事業者

ビジネスモデル

　Xは、農地を持たない一般事業会社である。

　首都圏で農地を保有する地権者に市民農園を開設してもらい、市民農園の利用者の募集や管理、料金の収納事務、市民農園運営の支援を事業としている。

（1）ビジネスの背景や狙い

　農地を持たない事業者が、農地所有者から農地の提供を受けて市民農園（貸農園）を運営する事業があります。

　運営事業者は、農地所有者から農地を直接借り受けて、当該農地を市民農園として開設する方法も考えられますが、この場合のビジネスモデルは第6節を参照してください。

　複数の自治体で展開される開園実績数が多くある市民農園は、民間事業者が運営事業者となり、市民農園の直接の貸主となるのではなく運営のサポートを担う例がほとんどです。農地所有者は、ノウハウを有する運営事業者の支援を受けることで市民農園運営の煩わしい事務等から解放されるメリットがあります。

　実務的に見けられる市民農園開設方式のうち特定農地貸付法（第三者開設）のモデルと農園利用方式を前提とした運営支援事業について説明します。

（2）　ポイント：特定農地貸付けに関する農地法等の特例に関する法律（第三者開設）によるビジネスモデル

　運営事業者は、農地所有者と市民農園開設について事前合意が形成できたとしても、農地所有者との間で直接貸借契約を締結しません。

　特定農地貸付けに関する農地法等の特例に関する法律に基づく開設をする場合、農地を持たない運営事業者は、まず市町村と貸付協定を締結します。そして貸付規程を作成し、農業委員会に申請し、農業委員会の承認を得て市民農園を開設することになります。この場合、農地の権利は、市町村が農地所有者から権利設定を受けたうえで、市町村から運営事業者へ権利設定を行う流れになります。

　特定農地貸付けに関する農地法等の特例に関する法律（第三者開設）による市民農園（貸農園）の開設者は、農地所有者や市町村ではなく、運営事業者自身になります。そのため、利用者との間での契約関係は運営事業者と利用者との間で生じることになります。

（3）　ポイント：農園利用方式を前提とした運営支援事業のビジネスモデル

　農園利用方式を前提とした市民農園（貸農園）は、あくまで農地所有者が開設者となり、運営事業者は開設者である農地所有者の運営を支援する立場にあるというのが建前です。

　運営事業者は、市民農園（貸農園）運営の支援に関する委託契約を農地所有者との間で締結します。運営事業者は、当該農園の利用者の募集や、利用者が農園を利用する際のサポート、代金の収受といった事務を遂行します。利用者との間の契約関係は、農地所有者と農園利用者との

間で生じることになります。

（4）　農地法関係の留意点

　農地の貸付けには農地法第３条の許可が必要となるのが原則です。農園利用方式を前提とした場合、運営事業者はあくまで開設者である農地所有者を支援する立場にあるにすぎません。

　特定農地貸付けは、「営利を目的としない農作物の栽培の用に供するための農地の貸付けであること」が前提になっています（特定農地貸付法２条２項２号）。営利目的でないことが明記されていることから、自家消費を前提としています。しかしながら、地産地消や食育の推進、都市と農山漁村の交流、農地の遊休化防止という観点から自家消費分を超える生産も望ましいと考えられており、レクリエーション等が動機として農作業が行われていれば自家消費量を超える分について販売しても問題ないという運用がなされています。もっとも運営事業者は、利用者の募集段階で営利目的でないことを応募要件にする等の工夫をしておくことが望まれます。

（5）　税務上の留意点

　市民農園（貸農園）需要の高い農地がある都市部の農地所有者の多くは相続税納税猶予制度の適用を受けています。

　運営事業者は、農地所有者の受けている相続税納税猶予の期限が確定しないよう引き続き相続税納税猶予制度の適用を受けれるような運営をすることが不可欠です。農園利用方式を前提とした市民農園（貸農園）の場合には、開設者である農地所有者が引き続き農業を継続しているという建前と整合的な運営支援を行うよう留意が必要です。

8 営農型太陽光発電

ビジネスモデル

　Xは、露地野菜生産をする農業者である。農地に支柱をたてて太陽光発電設備を設置し、太陽光発電設備の下で引き続き露地野菜生産を継続することで、農産物収入に加えて、太陽光発電設備で発電した電力を売ることで売電収入を得ることを計画している。

（1）ビジネスの背景や狙い

　営農型太陽光発電は、農地に支柱を立てて上部空間に太陽光発電設備を設置し、下部農地で農業生産を行うことで、太陽光を農業生産と発電で共有する取組みです。

　太陽光発電設備関係の事業者にとっては、農地を太陽光発電設備の用地として利用することができることになります。営農者にとっては、農業生産による収入に加え、売電による収入等が期待することができます。

（2）農地法関係の留意点

　農地に支柱を立てて、営農を継続しながら上部空間に太陽光発電設備等の発電設備を設置する営農型太陽光発電の場合には、当該支柱部分について一時転用許可が必要となります。農地全体を転用するのではなく、「当該支柱部分について」「一時転用」許可を得るという点がポイントです。

　営農者自身が太陽光発電設備を設置し太陽光発電事業を行う場合もありますが、太陽光設備の設置者を営農者以外の事業者が行う場合もあり

ます。太陽光発電設備の設置者と営農者が異なる場合に、地上権等を設定する場合には、一時転用許可に加えて農地法第3条の許可が必要となります。

　一時転用許可の期間が短いと転用許可申請手続が煩雑になります。営農型発電設備の一時転用期間は当初3年以内だったものの、農業の担い手が下部農地で営農する場合や荒廃農地を転用する場合には、10年以内まで一時転用許可を認めることができるよう一時転用許可の運用があらためられています。

　一時転用の期間中に営農条件に支障が生じていなかったかを審査し、問題がない場合には再許可を得ることが可能です。なお、営農条件に支障がないかを確認するため、一時転用許可の条件として年次の報告が義務づけられるのが通常です。

（3）　税務上の留意点

　太陽光発電設備の取得に際して、中小企業経営強化税制と中小企業投資促進税制の税制優遇制度を活用し、即時償却や税額控除を受けることを検討します。

　税制優遇制度は、適用期間が延長されたりしますが、時限優遇制度であるため、取得事業年度において税優遇制度の適用が認められているか都度確認することが重要です。

　なお、平成28年度税制改正により納税猶予を受けている農地等に区分地上権の設定があった場合であっても、その設定の対象となった農地等において納税猶予を受けている人が引き続き耕作等を行うときは、納税猶予は打ち切られることなく、納税猶予が継続されることになっています。もっとも、支柱等で転用される部分については納税猶予が継続されない点に留意が必要です。

9　耕作放棄地の再生

ビジネスモデル

　耕作放棄地再生事業補助金を活用して荒廃した耕作放棄地を耕作可能な農地に再生し、農業生産を予定している。

　収益性を高めるために営農型発電の導入を行い、日照条件が良い状況とはいえなくとも生育に支障のでにくい榊の栽培を予定している。

（1）　ビジネスの背景や狙い

　耕作放棄地は、以前耕作していた土地で、過去1年以上農作物の作付けがなされておらず、将来数年間に再び作付けする意思のない土地です。耕作放棄地の多くは、荒廃し通常の農作業では作物の栽培が厳しくなっていき、通常の農作業では作物の栽培が客観的に不可能な状態に至ると荒廃農地となってしまいます。

　農業者の減少等に伴って耕作放棄地が増えていくことが懸念されており、地域農業の基盤である農地の再生は重要な社会的課題です。そのため、多くの自治体等において耕作放棄地の再生に対し助成金制度がもうけられています。

　耕作放棄地は耕作が放棄されていることからも低廉ないし無償に近いコストで農地を確保できる魅力があります。事業上の採算性や社会的課題の解決を企図して耕作放棄地を再生しようとする事業者は少なくありません。

　営農型発電で農業外収入を確保して収益性を高めようというのはよくある事例です。営農型発電設備を設置すると耕作部分の日照が制限され

ることもあることから、日照条件がよくない場所でも生育しやすい作物を選定することが重要です。榊は神事等で使用される作物ですが、山中に生育していることもあり日照条件に制約があっても生育に大きな支障となりにくいことから営農型発電と相性がよいとされています。

（2）　農地法関係の留意点

　農地中間管理機構が農地の集積・集約化をしたうえで、意欲のある農業の担い手へ農地を貸す農地の利用集積促進事業（農地中間管理事業）をしています。

　農地中間管理事業を通じて集約化されたまとまりのある農地を確保することで農業効率が高まることが期待されています。また、農地中間管理事業へは協力金の給付がされる場合もあります。農地中間管理事業を利用するためには認定農業者となる必要があります。

　営農型発電の農地法関係の留意点については第 8 節で解説しています。

（3）　税務上の留意点

　農業者が、経営所得安定対策等の交付金を農業経営改善計画などに従い、農業経営基盤強化準備金として積立てた場合、この積立額を個人は必要経費に、法人は損金に算入できます。

　農業経営基盤強化準備金の対象交付金でない場合でも、通常の国庫補助金等と同様に圧縮記帳をすることを検討するよう留意が必要です。

　固定資産課税台帳に登録された価格は、正常売買価格に農地の限界収益率である 55％を乗じて計算します。しかしながら、遊休農地の課税の強化の観点から平成 29 年度以降は限界収益率を乗じる固定資産税軽

減措置がとられなくなっています。耕作放棄地再生により耕作が再開した場合には新たな賦課期日（毎年1月1日）に評価の基礎となっている現況が遊休農地となっていないか確認し、現況に不服がある場合には、固定資産評価審査委員会に審査の申出をすることも検討することがあります。審査の結果、固定資産課税台帳に登録された価格が固定資産評価基準に照らして不適当なものであると認められると、固定資産課税台帳に登録された価格が修正され、税額が修正されることとなります。

10 農作物栽培高度化施設による農業

ビジネスモデル

　Xは、施設栽培でトマトを生産する農業者である。溶液栽培や炭酸ガスを活用するために施設を水平に保つ必要があることから、ビニールハウスの底面をコンクリート張りにした農作物栽培高度化施設を導入している。

（1）　ビジネスの背景や狙い

　農地へ農業用ハウスを設置する場合、基本的に底面をコンクリート張りにすることは認められません。平成 30 年の農地法改正により、底面を全面コンクリート張りにした農業用ハウス等の農作物栽培高度化施設の用地を農地として取り扱うことが認められました(農地法 43 条 1 項)。
　農作物栽培高度化施設用地は、栽培効率を上げるために底面をコンクリート張りにしても農地課税を維持できるため固定資産税を抑制した農業経営が期待できます。

（2）　農地法関係の留意点

　農作物栽培高度化施設とは、農作物の栽培の用に供する施設であって農作物の栽培の効率化又は高度化を図るためのもののうち周辺の農地に係る営農条件に支障を生ずるおそれがないものとして農林水産省令で定めるものをいいます（農地法 43 条 2 項）。
　農作物栽培高度化施設を設置するためには、営農計画書を添付した届出をする必要があります（農地規 88 条の 2）。

（3）　税務上の留意点

　農作物栽培高度化施設用地に係る固定資産税は農地として課税されます。そのため、農地転用があったと評価される場合に比べて有利な固定資産税負担で事業を営むことができます。固定資産税については市町村等が賦課決定するものであることから税理士業務では仕組みを意識することがないという方も少なくないかと思いますが、納税者は税理士が税の専門家で固定資産税の仕組みについても明るいものと考えています。

　農地で底面を全面コンクリート張りにすることが認められたと安易に考えている相談者と接する場面においては、法令上の農作物栽培高度化施設要件を充足することや手続要件を順守するように指導することが望まれます。

11 ワイナリー

ビジネスモデル

　Xは、地域農家から賃借した農地でぶどうを栽培する農業法人である。生産したぶどうをこれまで醸造所へ販売したり、委託醸造をしてワインを生産したりしていたが、自社でワイナリーを開業することにした。

　Xは、ぶどう園を観光農園として運営するとともに、ワイナリーを併設してぶどうや加工品の販売収入、観光収入を稼得することを計画している。

（1）ビジネスの背景や狙い

　クラフトビールやワイナリーはお酒が好きな農業者が多角化を目指しやすい領域です。自ら酒類製造者になる場合だけでなく委託醸造によってお酒作りに関与するケースもあります。

（2）農地法関係の留意点

　賃借した農地について、農地以外の用へ転用することは賃借目的物の性質を変更することとなるから賃貸借の一般論として原則として認められません。もっとも、賃借している農地の一部について賃貸人の協力を得て転用を計画することはできるかもしれませんので賃貸人の理解を求めることが重要です。

　ワインの醸造施設は、農産物加工施設に該当します。農林水産省の「農業振興地域制度に関するガイドライン」を参考にすれば、主として自己の生産する農産物を原材料として使用する製造加工施設用地でれば農業用施設として農地転用が例外的に許可されることも考えられます。

（3）税務上の留意点

　ワイナリーを計画する場合、果実酒製造用の種類製造免許を受けることが必要になります。

　酒税の納税申告手続等が必要になるので留意します。

　果実酒（ワイン）で酒類製造免許を受けるためには年間6kℓの最低製造量基準を満たす必要があり、一定程度の経営規模が必要となります。もっとも、構造改革特区制度における酒税法の特例措置としてワイン特区に指定された地域では、最低製造量基準が緩和されます。ワイン特区といった酒税法の要件を緩和する制度があることに留意が必要です。

　なお、ワイン特区だけではなく、米を使った酒類製造においても日本酒特区やどぶろく特区等と呼ばれる最低製造量基準緩和の制度があります。

12　農産物輸出

ビジネスモデル

　Xは、日本国内の農用地で生産した農産物を、贈答品用に高単価で海外市場へ販売し、利益を獲得している。

（1）ビジネスの背景や狙い

　農産物の輸出額は毎年増加傾向にあり、直近10年で3倍以上の輸出額となりました。

　青果物では、東南アジア向けの贈答品需要が増えており、特にりんごやいちごといったフルーツの輸出額がのびています。農産物輸出には、青果物だけでなく、穀物、畜産品、加工食品等も含まれており、いずれも輸出額は増加傾向にあります。

農産物　輸出額の推移

（単位：億円）

2012年	2013年	2014年	2015年	2016年	2017年	2018年	2019年	2020年	2021年	2022年
2680	3136	3569	4431	4593	4966	5661	5878	6552	8041	8870

（農林水産省「農林水産物・食品の輸出額」を参考に筆者作成）

　「農林水産物及び食品の輸出の促進に関する法律」が令和元年に成立し、令和2年4月1日より施行しています。同法は、我が国で生産された農林水産物・食品の輸出の促進を図るため、農林水産物・食品輸出本部を設置し、当本部において農林水産物・食品の輸出の促進に関する基本方針の策定、当該基本方針に即して農林水産物・食品の輸出の促進に

関する実行計画を作成するとともに、輸出に取り組む事業者の支援等を
行うことにより、農林水産業・食品産業の持続的な発展に寄与すること
を目的としており、農産物輸出は政策的後押しから今後も伸びていくこ
とが期待されています。

（2）　農地法関係の留意点

　特になし。

（3）　税務上の留意点

　海外取引は、消費税法が課税されない不課税取引です。一方、国内で
の農業経営では支払い時に消費税が課税されており、輸出をメイン事業
とした場合には課税仕入が課税売上を上回る事業構造となります。

　農産物輸出を主な事業としている場合、資金繰りの改善のために消費
税の課税期間の特例を選択し、3か月ごと又は1か月ごとに消費税申告
をして消費税の還付を受けることが考えられます。

13　CSA（農業×地域）

ビジネスモデル

　Xは、有機にこだわった農業者である。

　有料制の会員を募集して、会員に対して収穫物をセットにした野菜便を定期的に配送したり、会員向けに作付けや収穫等のイベント機会を提供したりしている。

（1）　ビジネスの背景や狙い

　CSA（Community Supported Agriculture：地域支援型農業）は、農業者と一般市民が連携し、一般市民が前払い等の契約を通じて農業者を支援し、農業者は一般市民に対して農作業や収穫等の体験や生産物を提供し、相互に支えあう仕組みです。

　農産物のオーナー制度等も CSA の例です。例えば、消費者である一般市民が、一定区画からの収穫物を得る前払い契約をし、オーナー区画の農作業を支援したり、収穫物を得たりする例があります。貸農園と似た側面がありますが、当該区画に対する農業者の関与程度が異なります。また、一般消費者から一定程度の前払金をいただいたうえで、農園からの収穫物を定期的に提供する例もあります。

　貸農園の場合には当該区画は利用者の責任で管理され、水やりを怠って枯れてしまったり、草取りを怠って農産物の品質が低下したりすることが懸念されても、そういった農的リスクが顕在化するのも農業体験の一環として利用者に任せます。オーナー制度の場合には、ケースバイケースではありますが、農業者は当該区画についても農作業を担当し収穫ま

でサポートし、一般消費者は農作業を手伝うことも任せることも自由となっている例が多いように見受けられます。CSAでは、天候リスク等の収穫までの事業リスクを農業者のみが負担するのではなく、一般消費者の前払いを通じて経営リスクを共有できるメリットがあります。一般消費者にとっても、自分が前払いすることで金銭的に支援するだけでなく援農等を通じて農業経営に関与することができ体験・学習・レクリエーション的な価値があります。

（2）　農地法関係の留意点

特になし。

（3）　税務上の留意点

観光農園の入園料や、貸農園の利用料は、役務の提供の対価と解されており、軽減税率の適用対象とならず標準税率を適用します。

CSAで受領する金銭について、農業体験や学習といった役務提供的要素が強くなると軽減税率の適用対象とならないおそれがあります。収穫物の前払いというビジネスモデル設計をし、整合性が崩れないよう一貫させることで軽減税率の適用対象であることに疑義が生じないようにすることで、一般消費者から受領する金銭について消費税納税負担を軽減することが考えられます。

14　特例子会社を活用した農福連携

ビジネスモデル

　大手産業機械メーカーであるＸは、障害者の雇用の促進等に関する法律上の特例子会社としてＹを設立した。Ｙは、農業従事者として障害者を積極的に雇用し農業生産を実施している。

（1）　ビジネスの背景や狙い

　事業主は、障害者の雇用に関し、社会連帯の理念に基づき、障害者である労働者が有為な職業人として自立しようとする努力に対して協力する責務を有するものであって、その有する能力を正当に評価し、適当な雇用の場を与えるとともに適正な雇用管理並びに職業能力の開発及び向上に関する措置を行うことによりその雇用の安定を図るように努めなければならない責務があります。

　事業主は、その雇用する障害者が法定雇用率以上にしなければならないとされており（障害者雇用促進法 43 条）、現在の法定雇用率は 2.7％となっています（ただし、段階的引き上げ措置で令和 5 年度は 2.3％、令和 6 年度から 2.5％、令和 8 年度から 2.7％）。

　農作業は、知的労働者にも取り組みやすい労働であり、障害者雇用を促進することで農業従事者を確保できるメリットがあります。また、障害者にとっても自然と接する職場環境や精神衛生上の環境のよさや、労働の成果のみえやすい農作業ではやりがいを感じやすく人気があります。

　障害者の雇用の促進等に関する法律は、障害者雇用の促進及び安定を

図るため、障害者の雇用に配慮した一定の要件を満たす子会社につい
て、特例子会社として当該特例子会社で雇用されている労働者を親会社
に雇用されているものとみなして、雇用率を算定することを認めていま
す。また、特例子会社を持つ親会社は、関係するその他の子会社も含め
企業集団としての実雇用率算定を認めています。特例子会社の仕組みを
つかって特例子会社で集中的に障害者を雇用し、障害者の力を発揮しや
すい農作業に従事してもらう例が多くあります。

（2）　特例子会社要件

　障害者の雇用の促進等に関する法律に規定する特例子会社となるため
には、以下の要件を充足したうえで親会社及び子会社の申請に基づいて
厚生労働大臣の認定を受けることが必要です（障害者雇用促進法 44 条
1 項）。

〈親会社要件〉
　親会社は、子会社の財務及び営業又は事業の方針を決定する機関（例
えば株主総会その他これに準ずる機関）を支配していること。

〈子会社要件〉
　特例子会社となろうとする会社は以下の要件を充足する必要がありま
す。
▶当該子会社の行う事業と当該事業主の行う事業との人的関係が緊密で
　あること。
▶当該子会社が雇用する対象障害者である労働者が 5 人以上かつ当該子
　会社の労働者総数に占める割合が 20%以上であること。

▶雇用される障害者に占める重度身体障害者、知的障害者及び精神障害者の割合が 30％以上であること。

▶当該子会社がその雇用する対象障害者である労働者の雇用管理を適正に行うに足りる能力を有するものであること。

▶その他の対象障害者である労働者の雇用の促進及びその雇用の安定が確実に達成されると認められること。

（3）　農地法関係の留意点

特になし。

（4）　税務上の留意点

障害者雇用に積極的な企業に対して以下のような税制優遇制度が設けられています。適用時期により制度の有無や要件が異なるため、申告等に関与の都度最新の情報を入手するよう留意が必要です。

▶機械等の割増償却措置

▶障害者雇用納付金制度に基づく助成金等の支給を受け、それを固定資産の取得等に使った場合の圧縮記帳による損金算入措置

▶事業所税の軽減措置

▶不動産取得税の軽減措置

▶固定資産税の軽減措置

著者紹介

本木　賢太郎（もとき　けんたろう）

弁護士（第二東京弁護士会）　税理士　公認会計士
2002年〜2014年：有限責任監査法人トーマツ
2014年〜　　　：AGRI法律会計事務所
　主な農業関係の著書に「都市農業必携ガイド市民農園・新規就農・企業参入で農のある都市（まち）づくり」（共著　農山漁村文化協会）、「Q&Aとケースでみる生産緑地2022年問題への対応・承継・税制のすべて」（共著　新日本法規出版）、「ケース別農地をめぐる申請手続のチェックポイント―権利取得・転用・税制等―」（共著　新日本法規出版）、「農業委員・農地利用最適化推進委員必携農地・農業の法律相談ハンドブック」（共著　新日本法規出版）がある。

サービス・インフォメーション

―――――――――――――――――――――――― 通話無料 ――――

① 商品に関するご照会・お申込みのご依頼
　　　　　　　TEL 0120 (203) 694／FAX 0120 (302) 640
② ご住所・ご名義等各種変更のご連絡
　　　　　　　TEL 0120 (203) 696／FAX 0120 (202) 974
③ 請求・お支払いに関するご照会・ご要望
　　　　　　　TEL 0120 (203) 695／FAX 0120 (202) 973

● フリーダイヤル（TEL）の受付時間は、土・日・祝日を除く
　9:00〜17:30です。
● FAXは24時間受け付けておりますので、あわせてご利用ください。

この1冊で相談に対応！ **税理士のための農業ビジネス実務ハンドブック**
　　　　　　　　　　　〜法律知識・税務の基本から類型別の解説まで〜

2024年3月10日　初版発行

著　者　　本　木　賢太郎

発行者　　田　中　英　弥

発行所　　第一法規株式会社
　　　　　〒107-8560　東京都港区南青山2-11-17
　　　　　ホームページ　https://www.daiichihoki.co.jp/

税理士農業　ISBN 978-4-474-09399-7　C2034（7）